JN152579

幸せを呼ぶ 月の暦

Text Kei
Illustration おおたうに

ワニ・プラス

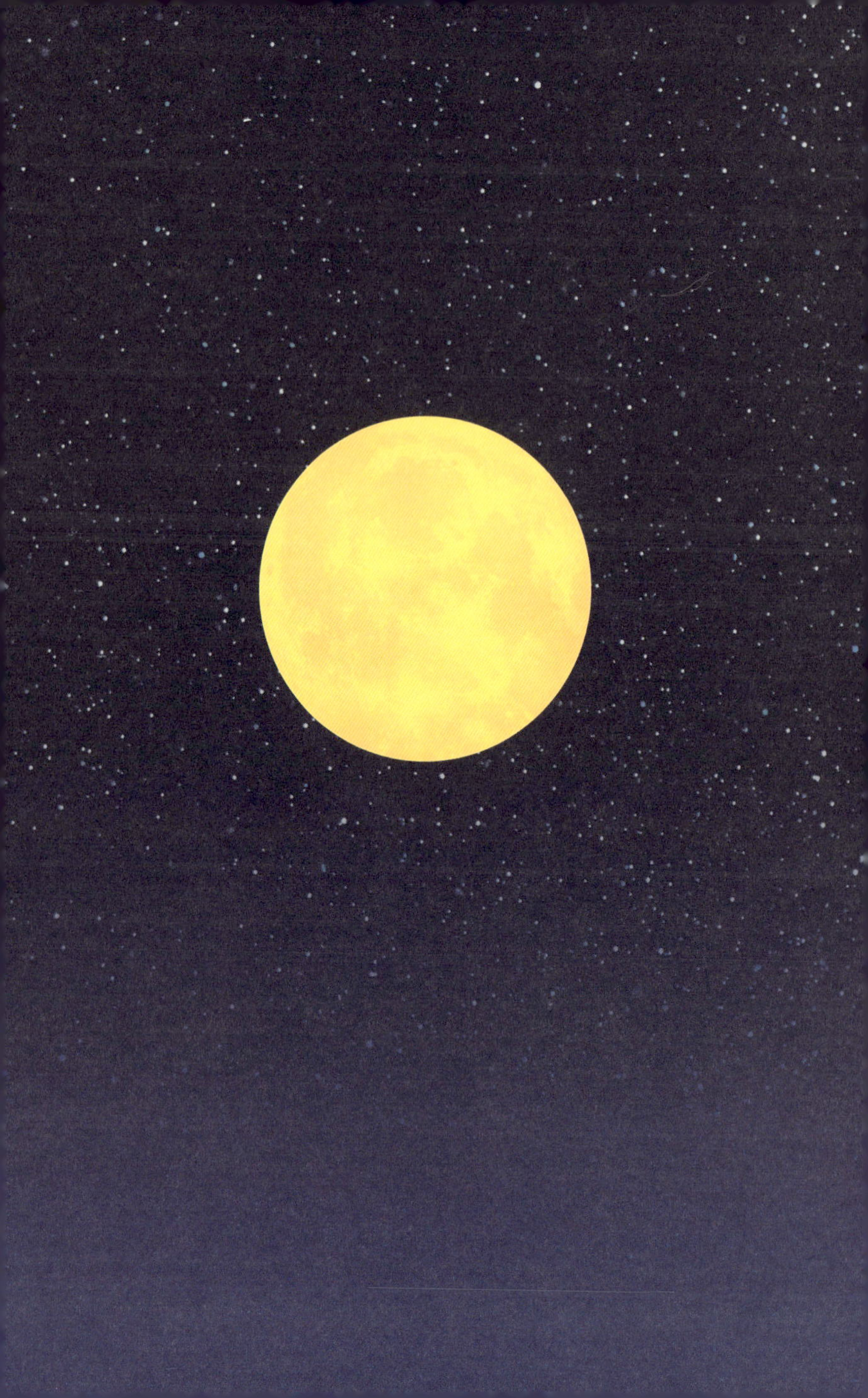

Contents

イラスト●おおたうに
装丁●藤井康正
企画・制作●A・I

心と身体がスッキリ！月のリズムでの暮らし

毎日の生活で「今日は起きたときからスッキリしている」「なんとなく身体の調子がよくない」などと感じることはよくあります。

天候や気温が心身に影響を与えることはよく知られていますが、月の満ち欠けによる影響もあることがわかってきました。

現代社会は昼夜の境目がなくなり、深夜まで働く人も多

くなりました。自然のリズムに逆らう生活を続けていくと、ホルモン分泌のリズムとズレが生じ、ストレスがたまっていきます。

江戸時代の人々は、月の満ち欠けによる生活リズムを大切にし、様々な行事を行いました。

十五夜のお月見はもちろん、「春分」「夏至」「秋分」「冬至」など、季節ごとの節目も旧暦がもとになっています。

日本には、春夏秋冬の美しい四季があります。
四季は、地球が太陽のまわりを1周することによって生じる、日光量の変化によってもたらされます。
この四季を支えているのが月です。なぜなら地軸の傾きは、月の引力でそのバランスが保たれているからです。
植物は、春に芽吹き、夏に育ち、秋に結実し、冬に枯れます。野生の動物が春に子どもを生むのも、餌の豊富な夏に育てるためです。生命の多くが四季のリズムで活動しています。
冬に種をまいても育ちにくく、冬に生まれても餌がありません。わたしたちの生命に、四季のリズムが刻み込まれているのは当然です。

もうひとつの大事な自然のリズムは、「陽が昇って沈む」1日のリズムです。
昼と夜が交互にやってくることによって、生命は昼行性と夜行性に分かれました。1日のなかの昼と夜の繰り返し。これは生命を刺激する一番の自然のリズムでしょう。
地球に暮らす人間にとって太陽の存在は絶大です。
この太陽のリズムが人間の生活の中心になるのは当然のことです。しかし、太陽以外の大事なリズムが、月のリズムです。
月は、太陽のように莫大なエネルギー源ではないので、ふだんその影響を感じることはありません。
しかし、月は目に見えないところでわたしたちの心身に影響を与えています。

月の満ち欠けのしくみ

地球に対して、月がどこにあるかによって、地球への影響が変わります。
暑ければ陽射しを避け、寒ければ陽射しを求めるように、
月に対しても、そのポジションの変化に合わせて生活すれば、
意外に過ごしやすいことがわかってきます。

太陽が父のリズムなら、月はいわば母のリズム。
1872年（明治5年）に新暦になってから、
わたしたちは母のリズムをすっかり忘れてしまいました。
現代人がストレスをためがちな理由は、
そんな自然のリズムから離れて生活しているところにあったのです。

また、月のリズムは満ち欠けだけではありません。
月と地球の距離は毎日変わっており、月が近づいたり遠ざかったりしています。
この距離もわたしたちに影響があることがわかってきました。

この2つの月のリズムを知ると、
今日は何をしたほうがいいのか、明日はどのように生活したらいいのか、
今がベストなタイミングかどうかがわかります。

このリズムを暦にしてわかりやすくしたのが、
巻末の『幸せを呼ぶ月の暦』です。

月の満ち欠けの周期

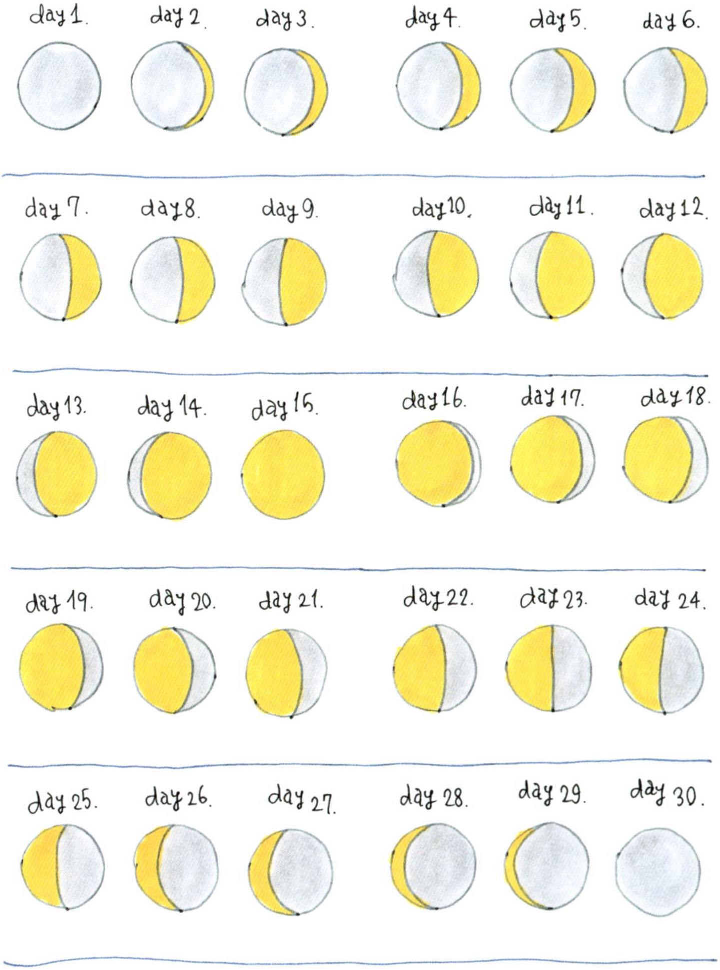
day 1.
day 2.
day 3.
day 4.
day 5.
day 6.
day 7.
day 8.
day 9.
day 10.
day 11.
day 12.
day 13.
day 14.
day 15.
day 16.
day 17.
day 18.
day 19.
day 20.
day 21.
day 22.
day 23.
day 24.
day 25.
day 26.
day 27.
day 28.
day 29.
day 30.

新月から満月、満月から新月の暮らし方

新月の暮らし方

新月とは旧暦の１日。夜空に月は見えません。
この日は全ての始まりを意味し、今までの物事をリセットし、
新たなスタートを切るには最高の日となります。
食欲も高まり、新陳代謝も活発になります。
特に女性の性欲が高まる日ともいわれています。
また、新月の前日や当日は、犯罪・事故が多発します。
逆恨みされやすく、ストーカーには十分注意が必要です。
将来の計画を立てたり、目標を掲げ、
新たな出会いに向けて準備しましょう！

二日月の暮らし方

太陽から少し遅れて昇るため、夕方の西の空に細く見えることがあります。
新月から１日経って、新たなスタートを切ったあなたには、
目標が明確になっていると思います。
ダイエットや、新たな出会い、人間関係など、リセットした後なので、
どんどんとよくなる方向に向かいます。
新月に立てた計画を再確認してみるのもいいでしょう！

三日月の暮らし方

月の姿を代表する鎌のような形の三日月は、
古代からエンブレムなどに使用されていました。
クロワッサンはフランス語で三日月のことです。
日に日に満ちていく月とともに、目標に向かって進んでいく時期になります。
前向きな気持ちを維持し続けることが大切です。

四日月の暮らし方

やる気がどんどん出てくる時期になります。
日に日にエネルギーが満ちてきて、いきいきと過ごせるように感じてくるでしょう。
精神的にも安定し、イライラやうつ状態などは解消に向かいます。
ストレスを吹き飛ばすよう、好きなことを好きなだけ行ってください。

五日月の暮らし方

弓張月といわれ、浄化の効果が表れるのを感じてくることでしょう。
部屋の掃除や、美容院、ネイルサロンなどに行くと、もっとやる気が出てきます。
新月から身体が活性化してきていることを自覚できるようになります。
心も快活となり、あなたの陽の部分が生かされてきます。

六日月の暮らし方

新月から満月にかけて吸収力が強まってきます。
食欲も高まり、それが持続している状態です。
比較的代謝もいいので、適度な運動を心がければダイエットもうまくいきます。
気分も高揚する時期です。自信を持って行動してください。

七日月の暮らし方

半月といわれ、上弦の月と呼ばれてきました。
夜空は月の光で、明るさを増してきます。
新月に立てた計画をもう一度思い出して、引き続き努力することを意識しましょう。
肌のつやもよくなり、便秘も解消に向かいます。
この頃から満月まで男性の性欲が高まります。

八日月の暮らし方

真横から太陽の光を浴びた半月は、クレーターがはっきりと見えます。新月で誓った悪い習慣を断ち切れているかどうか、再確認しましょう。活動範囲を広げて、満月に向かって精力的に行動していい時期です。自然のままに、好きなことを好きなだけやってみてください。

九日月の暮らし方

徐々に丸みを帯びた月になってきます。海と呼ばれている月面の平地もよく見えてきます。新月に立てた計画をもう一度チェックしましょう。努力と持続力が大切な時期になります。心を穏やかにし、半身浴などでゆっくりとした時間を持ってみましょう。

十日月の暮らし方

月はさらに丸みを帯び、形は楕円に近くなってきて、クレーターもよく見えます。新たな事柄を取り入れるのに、まだ遅くはありません。今までにやったことのないことでも、興味があるものは躊躇なく行ってください。

十一夜の暮らし方

明るさを増した月は、北側にクレーターが多いことが肉眼でもわかってきます。ストレスも弱まり、安定した心理状態を保てるでしょう。自分の個性を生かすことを意識し、仕事や恋愛での行動を心がけましょう。ジョギングやストレッチなど、軽い運動が幸運を呼びます。

十二夜の暮らし方

丸みを持った月は、満月が近いことを知らせてくれます。
睡眠時間を十分にとれば、新陳代謝もおちません。
やる気を持続させれば、物事はうまく運ぶでしょう。
自分の中でわくわくすることを優先的に行ってください。

十三夜の暮らし方

千年以上前、日本でのお月見が始まったといわれます。
ほぼ満月の十三夜は、月の出る時間も早くなり、輝きも増します。
食事は規則正しく摂り、積極的に行動すると道は開けます。
直感を信じて、引き寄せるパワーを感じるときです。

待宵《まつよい》月の暮らし方

月面にある海がほとんど見られるようになります。
巨大なクレーター、『コペルニクス』がはっきりと見えます。
満月の前日で、高揚感や代謝もよく、
これまでの充実した生活を再認識できるでしょう。
猫にさかりがつく日で、男性の性欲も高まるので軽率な行動には要注意。
肌の保湿に気をつけてください。

十五夜（満月）の暮らし方

丸く満ちた月は、夜空を一晩中照らします。
新月からスタートしたことが実を結んでいれば、感謝の心を持ちましょう。
思うようにいかなかった場合は、何が原因かを知ることによって必ず前に進みます。
気持ちが高揚するので、衝動的な行動は避け、事故に気をつけてください。
昆虫の産卵日が多く、動物・人間の出産も増えます。
代謝はピークを迎え、次の新月まで徐々に下降していきます。

十六夜《いざよい》の暮らし方

ピークを迎えた月が徐々に欠けはじめます。
明るさは日に日に失われ、月が昇る時間も50分ほど遅くなります。
不安や寂しさを感じるようになり、クールダウンが重要な時期になります。
身のまわりにある余計なものを処分するのに適しています。

立待《たちまち》月の暮らし方

満月から2日目なので、明るさは保っていますが、
東から欠けていくのがわかります。
また、満月から1時間30分ほど遅く出ることになります。
新たに何か始めることはできるだけ避け、自然に身を任せるのがいいでしょう。
代謝は徐々におちてくるので、暴飲暴食は要注意です。

居待《いまち》月の暮らし方

月の欠けた部分が濃くなってきたのがわかります。
家に居て月が出るのを待つという呼び名のとおり、
月が出るのは徐々に遅くなります。
日々の生活を「動」から「静」に変えていく時期です。
アロマをたいてリラックスする時間をつくりましょう。

寝待《ねまち》月の暮らし方

月が出るのは夜9時を過ぎるようになります。
寝ながら月の出るのを待つというように、「焦らずゆっくり」がキーワード。
スケジュール管理が重要で、無理に詰め込み過ぎると失敗につながります。
ストレスを発散させるため、入浴に時間をかけて早めに就寝してください。

更待月《ふけまち》の暮らし方

月が昇るのは夜10時頃ですが、夜明け前まで見られます。
月の欠け具合も楕円に近くなり、『晴れの海』はまだ見えます。
嫌な出来事は忘れ、好まない人間関係はキッパリと切りましょう。
セルフマッサージで血行をよくすることを心がけてください。

二十一夜の暮らし方

夜11時前に月が昇り、明け方まで見られます。
残月ともいわれ、はっきりと欠けているのがわかるでしょう。
新月から始まる次のサイクルへの準備期間です。
フェイスパックなどをし、リボーンに向けて用意しておく必要があります。

二十二夜の暮らし方

満月から7日が経ち、『静かの海』が隠れてきます。
月明りも満月に比べ1割くらいになってしまいます。
部屋の掃除を入念にして、少しでも不要と思うものを処分しましょう。
人やモノときれいに別れるチャンスの時でもあります。
この時期から二十九夜まで性欲は高まりますが、代謝はさらに低下していきます。

二十三夜の暮らし方

下弦の月（半月）といわれ、深夜0時頃に昇り、お昼前まで見られます。
海の部分が多いことから、上弦の月よりやや暗くなります。
新たなスタートに向けての助走期間の始まりです。
興味のあることについて情報を収集しましょう。

二十四夜の暮らし方

半分に欠けた月は明るさを減らし、どことなく寂しさを感じます。
『雨の海』は見られますが、『晴れの海』は見られなくなります。
代謝もおちるので、温野菜やお粥など消化のいいものを食べましょう。
思い通りにならない場合は、無理に好転させようとせず静観します。

二十五夜の暮らし方

半月から2日が経ち、夜中に昇る月はどことなく心細い印象です。
西の『嵐の大洋』は見えていることでしょう。
食器棚や下駄箱の整理、バス・トイレの掃除を入念にしましょう。
ヨガや瞑想で心身ともにリフレッシュしてください。

二十六夜の暮らし方

夜明けの空に細く光る月です。
大きく欠けている様子は鋭い剣のような形。
うつ状態になりやすく、思い悩むことが多くなります。
すこしでも嫌なように感じたことはやらないほうを選びましょう。

二十七夜の暮らし方

お月見も終盤となり、『嵐の大洋』が隠れてきます。
シャープさを増し、新月が近づいています。
イライラしないことを心がけ、前向き思考にしてください。
読書や日記・ブログなど、個人的なことを中心に行動しましょう。

二十八夜の暮らし方

かなり細い月になります。
西側に『東の海』がかろうじて見られます。
新月まであと3日。
新たなサイクルを迎えるにあたり、リセットを意識しましょう。
疲れた身体を癒やし、モヤモヤした心をスッキリさせることを試みます。

二十九夜の暮らし方

さらにか細い月になります。
朝焼け頃に出るため見えないときもあります。
辞める、諦める、捨てることにより好転するでしょう。
食欲・性欲は高まります。
新月に向けて計画を立てるにはいい時期となります。
夏場には交尾のために街灯下に虫が大量発生します。

晦日《つごもり》の暮らし方

朔《さく》ともいわれ、月の姿は見えません。
29・5日のサイクルから、
月の暦では晦日を入れる月と入れない月が交互にあります。
新たな新月を迎えるため、心身ともに万全の状態にしておきましょう。
街灯下に集まる虫の数がピークとなります。
肌が乾燥しがちになるので保湿を心がけてください。

生理、出産、性欲は月が知っている

月は、新月から始まって満月となり、また新月に戻っていきます。地上の生物には、このリズムが太古から刻まれています。そして、いまなおそれを指針にして活動しています。

人間に対する月の影響力として、代表的な例として女性の生理（月経）周期があります。この周期は、新月から新月までの29・5日とほぼ同じです。

出産が満月と新月の1日前に多くなることや、交通事故の発生件数も、月齢と関係があることが統計で確認されています。

月の満ち欠けのリズムに同調して生活すれば、快適に過ごすことができます。しかし満ち欠けというのは、たんに太陽の光に照らされた部分が輝いて見えるだけです。

大事なことは、太陽、地球、月という天体の軌道のなかで、いま月がどこに位置しているのかということです。

それは月齢でわかります。月齢とは、新月を0・0として、次の新月までの経過時間を1日単位で表したものです。

月の満ち欠けの度合を表すものですが、これは月の位置がわかる時計の針のようなものだと考えてください。

日本で1200年間使われていた太陰太陽暦

《太陽暦》

わたしたちがいま使っている暦です。

その名のとおり、太陽の動きをもとにして作られました。太陽の動きというのは地球からの見かけの動きで、地球が365日で一周する周期にもとづいています。この365日を、12等分したのがひと月です。

太陽がもたらす季節の流れにリンクしているので、日付と季節は一致します。そのかわり、月の動きとは無関係です。

《太陰暦》

月の毎日の満ち欠けをもとにして作られた暦です。

新月から次の新月までの約29・5日を1か月として作られました。

29日の月と30日の月を交互に繰り返します。ただし、1年の日数は354日にしかならず、月と季節はだんだんズレていくので、農耕や漁業には不向きです。

《太陰太陽暦》

太陰太陽暦は、太陽暦と太陰暦の2つを合わせたものです。月と季節がズレていく太陰暦を調整して、19年に7回、閏月《うるうづき》を設けました。つまり、1年が13か月の年があることになります。これを旧暦といいます。明治になって太陽暦に変える前に、1200年以上もの間、日本で使われていた暦です。

楕円を描いて地球のまわりを回る

月のパワーを目で一番よく感じとれるのは、潮の満ち引きでしょう。

月に面する地表面は、月の引力に引っ張られます。しかし、海面は一方向だけではなく、その反対側も盛り上がります。なぜなら地球の自転で遠心力が働いているからです。

地球の自転とともに、盛り上がった海面は移動し、満潮と干潮の潮の満ち引きは日に2度ずつあります。

月の公転によって、太陽と月と地球が一直線に並ぶときがあります。それが新月と満月です。

このとき、月の潮汐力《ちょうせき》に、その約半分の太陽の潮汐力が加わるので、毎日の満ち引きの差より、その干満の差が大きくなります。これを大潮といい、上弦と下弦のときのように、太陽と月の潮汐力が互いに打ち消すときを小潮といいます。大潮と小潮も、月に2度ずつ起こります。

植物は月のリズムを知っている

1年365日の太陽リズムの暦は、種まきや刈り取りの日取りの目安として欠かせません。四季のはっきりしている土地で暮らすには、太陽暦は便利です。そのようにはっきりと目には見えなくても、月のリズムもまた、わたしたちの生活に大いに影響をもたらしています。

漁業では、日に2度の潮の満ち引きや、月に2度の大潮や小潮の日を知ることはとても大事です。

農業では、穀類・果実や豆類など地上に生育するものは、新月〜満月の間の「昇り月」に収穫し、根菜類は満月〜新月の「下り月」に穫ると味がいいと伝えられています。

月の力はわたしたち人間の生理や心（情動）にも働きかけています。頭の冴えや行動のキレにも影響します。月の力に同調していれば、ストレスが少なくなりとても快調になります。心の安定が得られ新陳代謝がよくなって肌もきれいになります。まさに月光で濡れたような美肌になるのです。

「月の力」がわたしたちに影響を与える基本を知っておきましょう。

【新　　月】 始まり・活動・希望・意志・やる気・ジャンプ・圧縮・理性・動的
【新月〜満月】 加速・慣性・鼓舞・努力・持続力・高鳴り・高揚
【満　　月】 情動・直感・実り・刈り入れ・パフォーマンス・成果・発表
【満月〜下弦】 クールダウン・制動・自省・排泄・リラックス・静的
【下弦〜新月】 準備・情報収集・企画・助走・予感

知られていないもう一つの月の顔

月には二つの顔があるのです。新月～満月～新月と満ち欠けする月に関しては、これまで説明したとおりです。

もう一つの顔は、月が大きくなったり小さくなったりすることです。もちろん、月そのものが変化するのではなく、地球からの見え方が大きくなったり小さくなったりしているのです。

地球を回る月の軌道が、楕円軌道を描いているから、大きく見えたり小さく見えたりします。

この楕円軌道の、地球に一番近いポイントをムーンニア（近地点）、最も遠いポイントをムーンファー（遠地点）といいます。（P51参照）

この距離の違い、すなわち月の大小を実感できる天体ショーが日食です。日食には、皆既日食と金環日食があります。大小の違いが、その二つに現れるわけです。

月がもっとも地球に近づいたときの満月や新月を、「スーパームーン」といいます。このときの月と、遠いときの月の見かけの大きさは約14パーセント、明るさでは30パーセント違います。空を眺めるだけではまず違いはわかりませんが、二つを一緒に並べればわかります。

『幸せを呼ぶ月の暦』とは

月齢のわかる旧暦は便利です。しかし、月には地球に近づいたり遠ざかったりする「遠近のリズム」があります。地球に近い月と遠い月では引力が変わるため、わたしたちへの影響力も変わってきます。そこで、太陰太陽暦でもない、新たな暦が『幸せを呼ぶ月の暦』です。

月は地球のまわりを回っています。月が満ち欠けするのは、地球、月、太陽の位置関係によって光る部分が変化するためです。月は毎日約50分ずつ昇る時間が遅れますが、同じ時間に空を見上げると、月

の位置は1日ごとに約12度ずつ東へと移動していくのですが、満ち欠けだけではなく月の大きさも変化します。これは月が地球を回る軌道が楕円形だから。大きく見える近い月から、小さく見える遠い月へ、そして近い月へと、12～17日間をかけて変化し、地球に最も近づいたときの満月はスーパームーンとも呼ばれます。

近い月と遠い月は、地球におよぼす影響も違います。

月が近いと、街は不思議とにぎやかで、社交的な人たちが増えてきます。お祭りやカーニバルはこんなときがふさわしいのでしょう。

アフリカでは、大きな月に届けとばかりに、ドラムのリズムや歌声に乗って何十セ

ンチも跳びはねています。日本でも、盆踊りは満月の下で行われることが多いのです。
満月ではなくても、月が近いと、人は理性の下の情動が刺激されるようです。
「近い月」は季節に例えると春から夏。生理的には興奮を誘う交感神経系といえます。

特に「近い月で満月」のときは、人を活動的にさせます。どちらかというと肉体的な活動に向いています。そのかわり、ケガや事故には注意が必要です。車もアクセルを踏み込みがちになるので、スピードの出し過ぎには要注意です。恋愛においては、海水浴場、スキー場などのアウトドアで、体育会系のノリでアグレッシブに迫るのがいいでしょう。
「遠い月で新月」のときにも、同じことが起こります。しかし、どこか心は冷め、あえてはしゃぐという感じです。

「遠い月」は、季節に例えれば秋から冬。太陽を恋しがるように、人恋しくなります。生理的には、どちらかというと興奮をしずめる副交感神経系。緊張を解き、物思いにふけりたくなる月です。この時期は、みんなゆったりとした足取りで歩きたいと思っています。
月が遠いと、街は寂しくなります。人が少なくなるというわけではありません。一人でいるのが寂しいから、寂しさを満たすために街に出る人もいます。

祭りの熱情で惹かれ合うのではなく、孤独を癒やすために街へと誘われるのです。

特に「遠い月で満月」のときの恋愛においては、アグレッシブであるよりも、甘くささやくほうが功を奏します。あくまでソフトタッチで、思わせぶりな態度が相手を誘います。

こんなとき、徹夜や重労働など過剰な活動をしていると、自然のリズムと合わなくなって体調を崩すことになります。

「近い月で新月」のときにも同じことが起こります。追いつめられ、絶望感を味わいやすいときです。

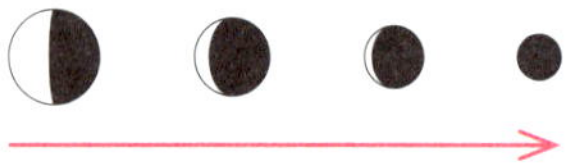

ムーンファーの新月
そう状態、親しい友とあえて騒ぎ、
はしゃぎたくなる、
しかし、どこか心は冷めている

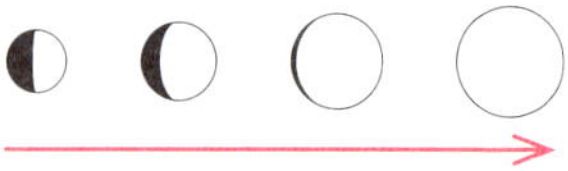

ムーンニアの満月
そう状態、我を忘れてはしゃぐ、
心躍る、ワイワイ・ウキウキ、
街は喧噪にわく、暴走に注意

今日はどのような日かを暦で確認

まずは、巻末の『幸せを呼ぶ月の暦』を見て、遠近と満ち欠けによって、自分はどう感じるのかを、しばらく心と身体で探ってみてください。

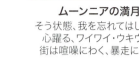

わたしたちは、ときに憂うつになり、孤独感にさいなまれたり、自暴自棄な気分になったりします。逆に、ハツラツとして、陽気になるときもあります。だれでも何かしら、そんな気分の波があるものです。

たとえば、雨が近づくと頭痛がしたり、肩こりがひどくなったりするという話があ

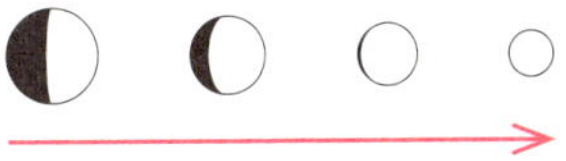

ムーンファーの満月

うつ状態、楽しかった過去に思いふける、
何かを追いかけたくなる、人恋しい、
寂しくなる、喪失感、
街に人は出るが静けさに包まれる

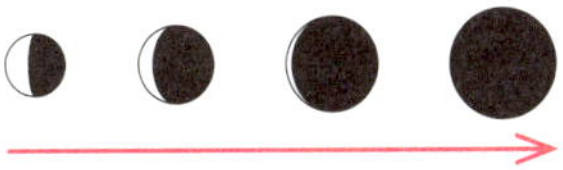

ムーンニアの新月

うつ状態、八方ふさがり、
追いつめられて逃げ場なし、
孤独の窮地に追い込まれる、
街は静まりかえり、自暴自棄になる

りますが、これは低気圧が刺激になるからです。それは自分一人だけではなく、だれにでも起こる生理的な現象です。

　さらには、病気やケガ、事故が続いてしまうときもあるでしょう。そんなときには、いっそう孤独感におちいってしまいます。どんなに成功している人でも、ずっと順調であるわけではありません。必ず逆風が吹きます。

　でも、憂うつな日ばかりではありません。気が晴れて、気力が満ちて、なんでもうまく物事が進んでいくときもあるでしょう。そんな日は、月が順風を送ってくれているのです。それをうまく先取りして、その波に乗ることができれば、物事はさらにうまく運んでいきます。

　月のリズムに身をまかせれば、生き方がラクになるでしょう。

赤い月と青い月

遠近と地球の関係を調べていくなかで、2つの特異日があることを発見しました。事故や災害、疾患が多いという、いわゆる要注意日です。

それは、「小さな月↓大きな月」「大きな月↓小さな月」へ移動する中間点にあります。（P51参照）

『幸せを呼ぶ月の暦』では、「小さな月↓大きな月」の中間に相当するこの月を、シグナルの意味をこめて「赤い月」、「大きな月↓小さな月」の中間に相当する月を「青い月」と名づけて、暦にも色分けして表しています。

この二つの月は、大きさはほぼ同じなので、引力の大きさもほぼ同じです。しかし、軌道を回る向きが違います。ということは、地球に与える影響も違うということです。

●【赤い月】（最遠から最近の間）

事件、事故、天災、災害などが起きやすくなる日。

そう状態になりやすいので、慎重な行動を心がけましょう。車の運転などでのスピードの出し過ぎに要注意。交通事故も、多重事故や死亡事故につながる大事故が発生しやすい日です。

さらに気象や気圧の変化が大きくなるので、風雨による災害、山の遭難、船舶事故などに気をつけてください。体調の変化も激しくなるので、持病のある方は注意してください。

●【青い月】（最近から最遠の間）

精神的動揺やストレスがたまりがち。

女性ホルモンのバランスが崩れやすくなる日で、婦人病に注意してください。

うつ、自暴自棄になる傾向にあるので、極力陽気さを心がけましょう。

気圧の変化により古傷、肩こり、腰痛、歯痛等の痛み、食中毒に気をつけましょう。また、高血圧などの生活習慣病が悪化する傾向があります。

この前後の日は注意してください。

注）一般的に、赤い月とは地平線から昇る満月が赤く見える月、青い月（ブルームーン）とはひと月に満月が2度あるときの2度目の月をいいますが、ここでの「赤い月」「青い月」とは異なります

「強運」を引き寄せる！

『幸せを呼ぶ月の暦』2017～2020年

あなたが何か行動するとき、
今日がどのような日かを知っておけば、
どうすればうまくいくか判断しやすくなります。
たとえば、ダイエットを始めるときは
代謝のいい時期からはじめるとうまくいきやすく、
旅行に出かける日が事故や突発的出来事が多い日なら、
注意して行動すれば危険を避けられます。
恋愛を成就したいときは、デートの日をなるべく「愛情のピーク日」にして、
「頭に血がのぼる日」はできるだけ避ける——。
月の満ち欠けと遠近をもとにした
『幸せを呼ぶ月の暦』を指針として行動すれば、
きっと願いが叶い「強運」を引き寄せるでしょう！

Love!

「感情と代謝のリズム」の見方

「月の満ち欠け」と「月の遠近」の二つのリズムは、感情や代謝に密接な関係があります。この二つのリズムを組み合わせて、独自のグラフを作成したのが「感情と代謝のリズム」です。

巻末の暦を用いて、今日のあなたの感情と代謝のリズムを知れば、きっと幸せを引き寄せることができるでしょう！

❶感情と代謝の下降期

精神状態が不安定になる期間。自暴自棄にならないように注意。自分を追いつめないで、自然の流れに逆らわず無理をしないように生活しましょう。代謝が最も低下する期間です。食べる量は少なめにし、油ものはさけカロリーの少ない食事にすることがダイエットに有効です。

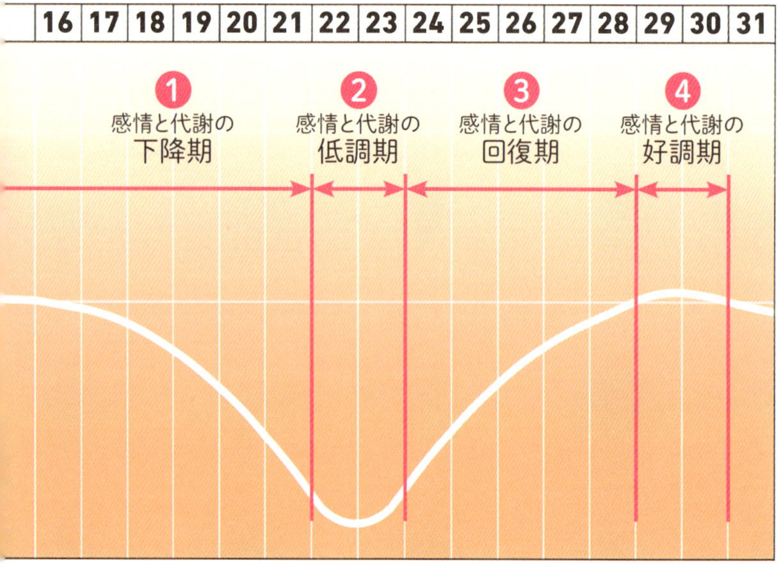

❷感情と代謝の低調期

心が不安定となり、イライラしたり怒りっぽくなるので要注意。うつ状態になりやすく、孤独感が増し、喧嘩になりがちです。代謝が低下しているため、太りやすくなり、むくみも出やすくなります。食欲が増しても夕食は軽めで、カロリーをおさえ、よく噛んで食べることを心がけましょう。

❸感情と代謝の回復期

徐々に心が安定してくる期間。スポーツをするのに適した時期。気の合う仲間とお酒や食事を楽しんだり、新たな計画を立てたり、自分の好きなことをして過ごしましょう。代謝も日に日によくなってくるので、食べる量を徐々に増やしていっても大丈夫。肌つやもよくなってきます。

❹感情と代謝の好調期

精神的に安定する期間。行動範囲をどんどん広げ、新たな出会いを求めたり、冒険をしてもいい期間です。肉体的にも絶好調なので、代謝が上がり、スポーツで身体を動かすといいでしょう。肌の調子もよく、セックスでも充実感が味わえます。感情が高ぶるため争い事に注意。歯止めがきかずエスカレートしがちです。

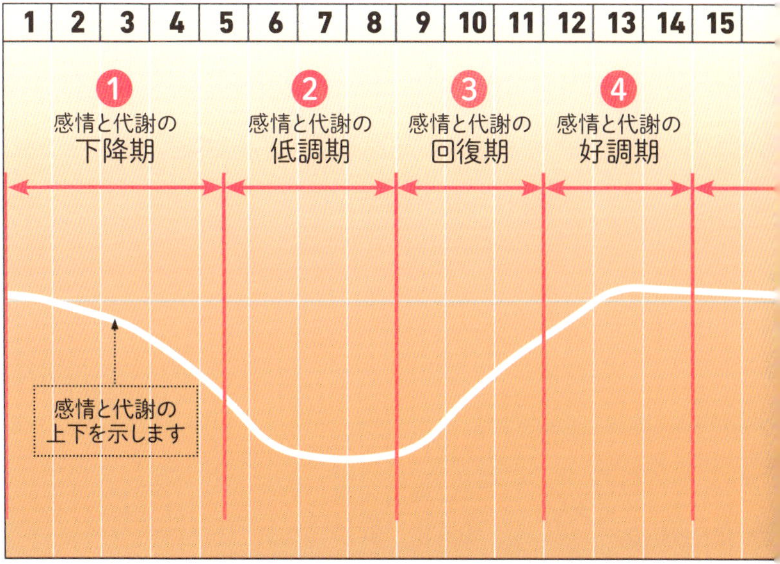

「月の遠近」とアイコンの見方

月には満ち欠けと遠近の二つの顔があります。
それを一つのグラフにしたのが『幸せを呼ぶ月の暦』です。
特に注意すべき日は、
P42で述べた「赤い月」と「青い月」の日。
これらの日の前後は、事故、天災、ストレス、
ホルモンバランスの崩れなどに注意が必要です。

- そう状態。心がうきうきし、楽しくなる日
- 好調日。幸せな気分でラッキーな日
- 幸運日。心が楽になる
- 気持ちが落ち込みやすくブルーな日
- 心細く、悲しくなりやすい日
- うつ状態。自暴自棄になりやすい日
- 頭に血がのぼり、カッカしやすい日
- 体調が不安定。持病の悪化に要注意
- 精神的、肉体的に異性が恋しくなる
- 乗り物注意日、交通事故、飛行機事故多発
- 気象急変日
- 突発的な出来事が起こりやすい日

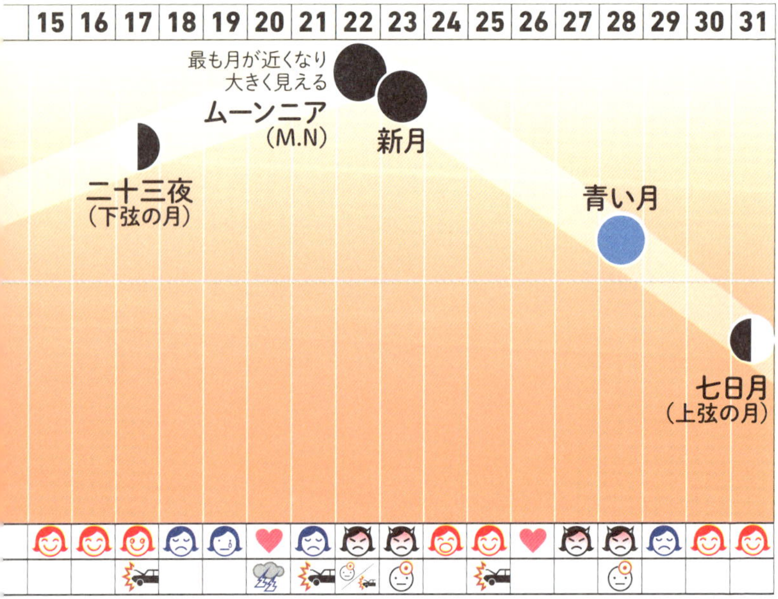

※月がグラフの上にある日ほど、月が地球に近くなり月が大きく見えます

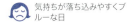

月と地球は12〜17日間隔で遠くなったり、近くなったりしています

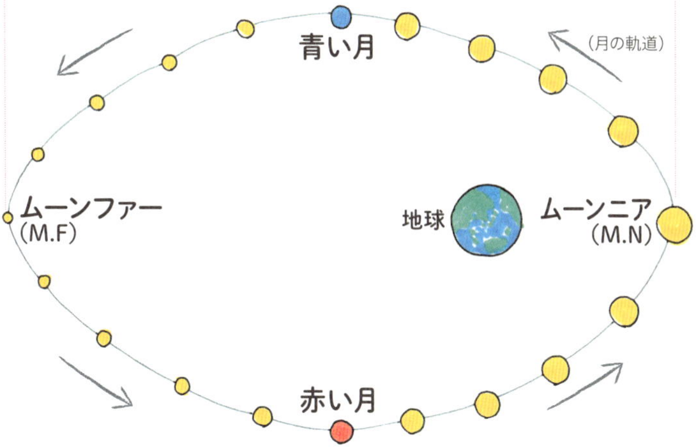

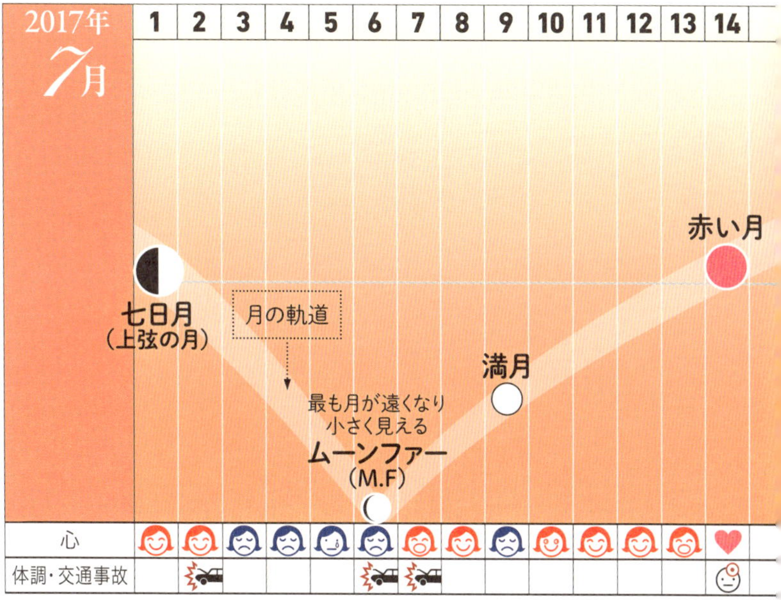

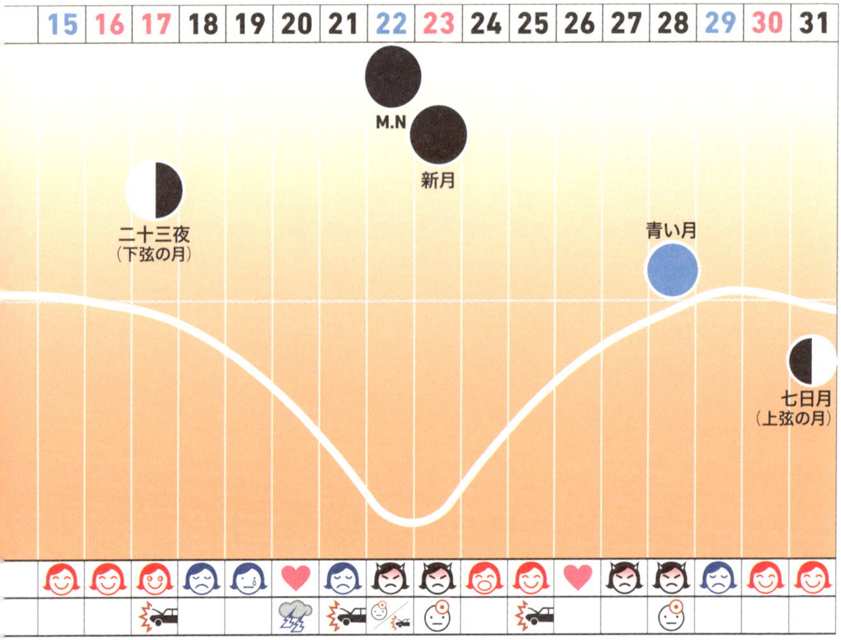
15 16 17 18 19 20 21 22 23 24 25 26 27 28 29 30 31
M.N
新月
二十三夜
（下弦の月）
青い月
七日月
（上弦の月）

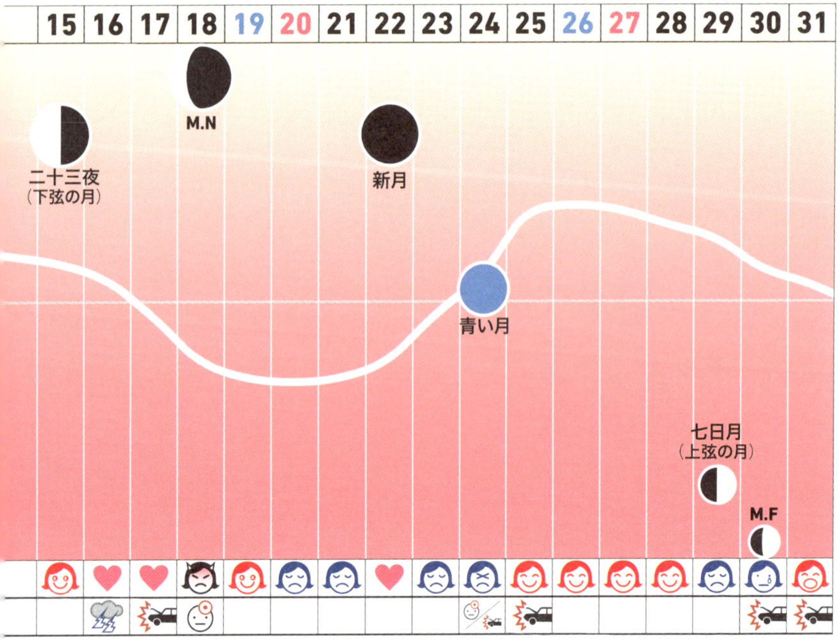
15 16 17 18 19 20 21 22 23 24 25 26 27 28 29 30 31
M.N
二十三夜
（下弦の月）
新月
青い月
七日月
（上弦の月）
M.F

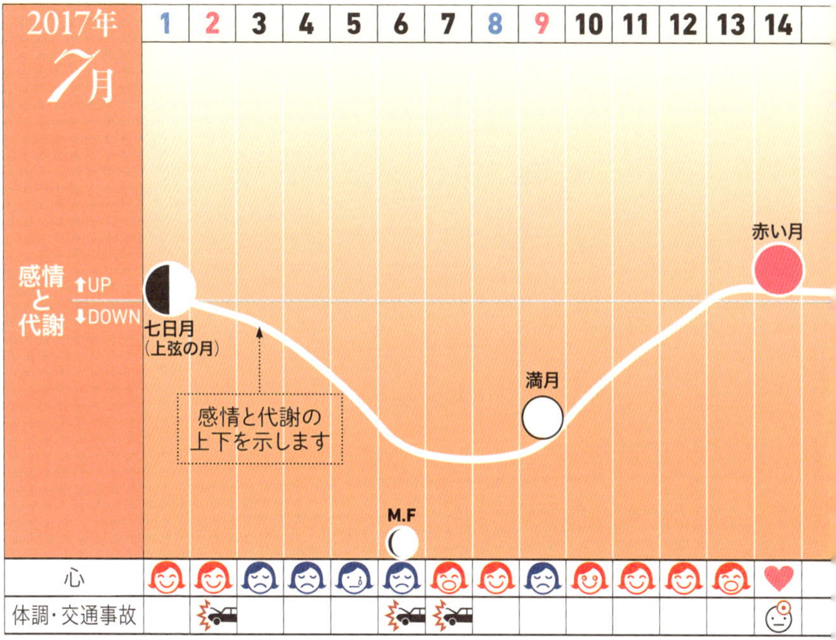
2017年
7月
1 2 3 4 5 6 7 8 9 10 11 12 13 14
感情と代謝
↑UP
↓DOWN
七日月
（上弦の月）
感情と代謝の上下を示します
満月
赤い月
M.F
心
体調・交通事故

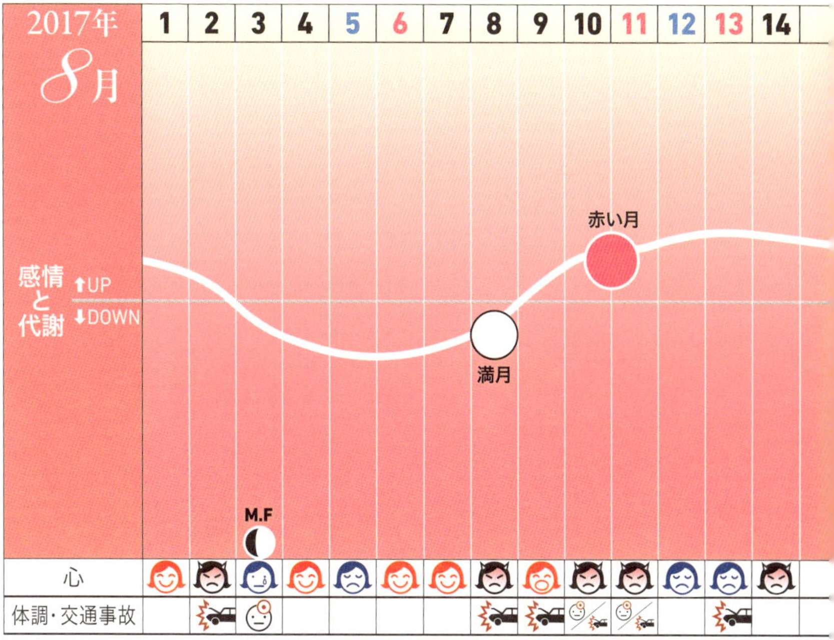
2017年
8月
1 2 3 4 5 6 7 8 9 10 11 12 13 14
感情と代謝
↑UP
↓DOWN
満月
赤い月
M.F
心
体調・交通事故

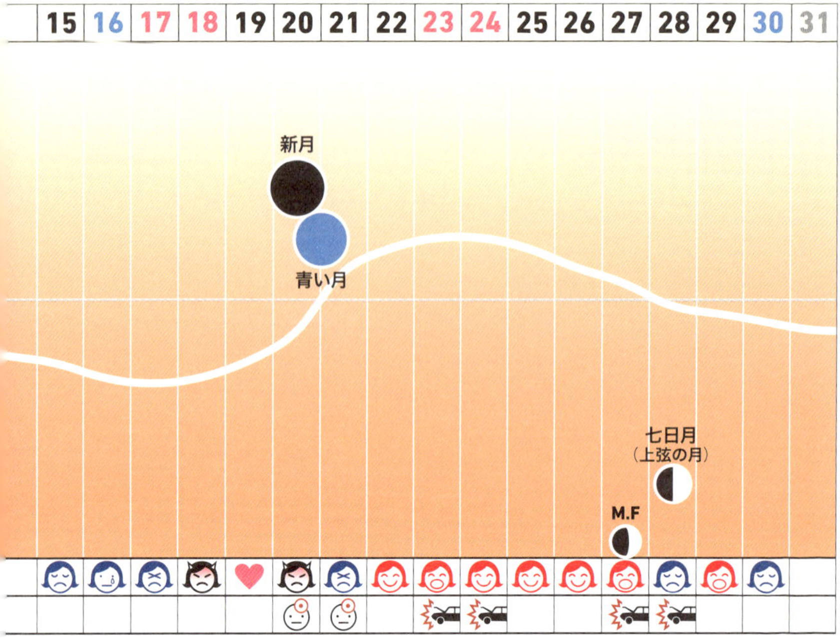
15 16 17 18 19 20 21 22 23 24 25 26 27 28 29 30 31
新月
青い月
七日月
（上弦の月）
M.F

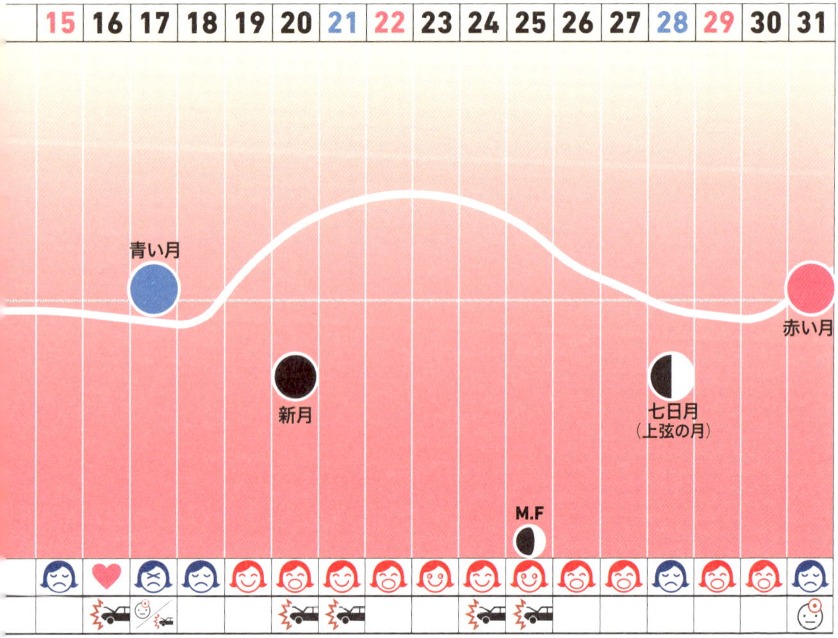
15 16 17 18 19 20 21 22 23 24 25 26 27 28 29 30 31
青い月
赤い月
新月
七日月
（上弦の月）
M.F

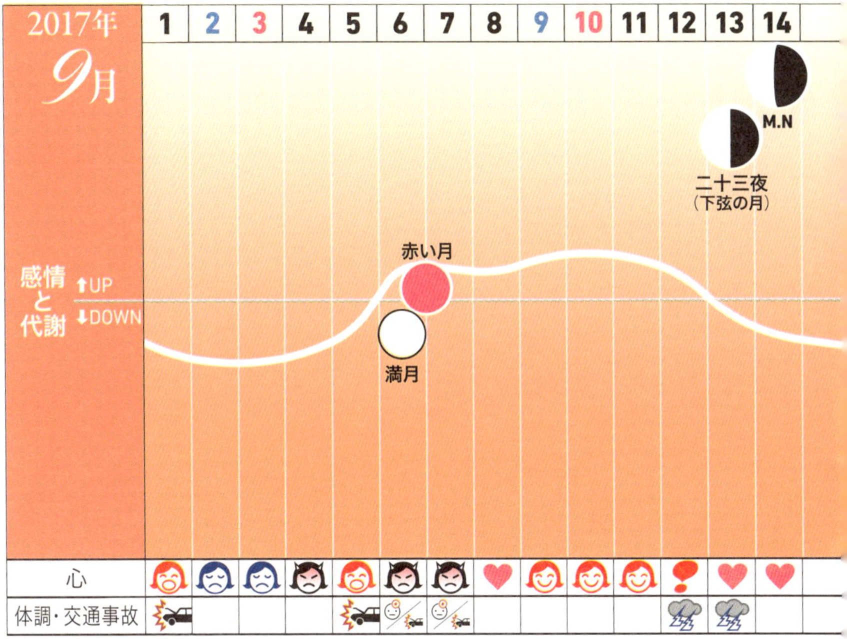
2017年
9月
1 2 3 4 5 6 7 8 9 10 11 12 13 14
M.N
二十三夜
（下弦の月）
赤い月
満月
感情と代謝
↑UP
↓DOWN
心
体調・交通事故

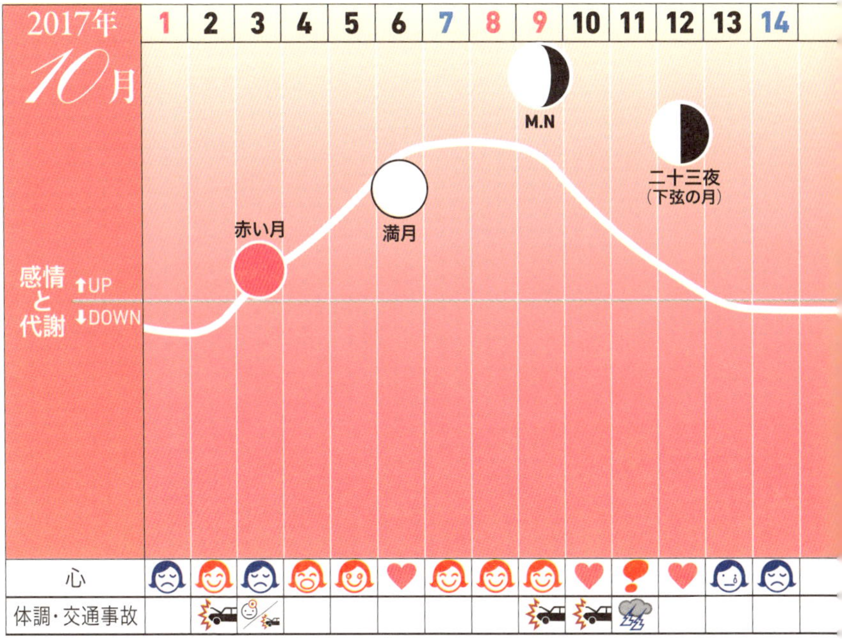
2017年
10月
1 2 3 4 5 6 7 8 9 10 11 12 13 14
M.N
二十三夜
（下弦の月）
赤い月
満月
感情と代謝
↑UP
↓DOWN
心
体調・交通事故

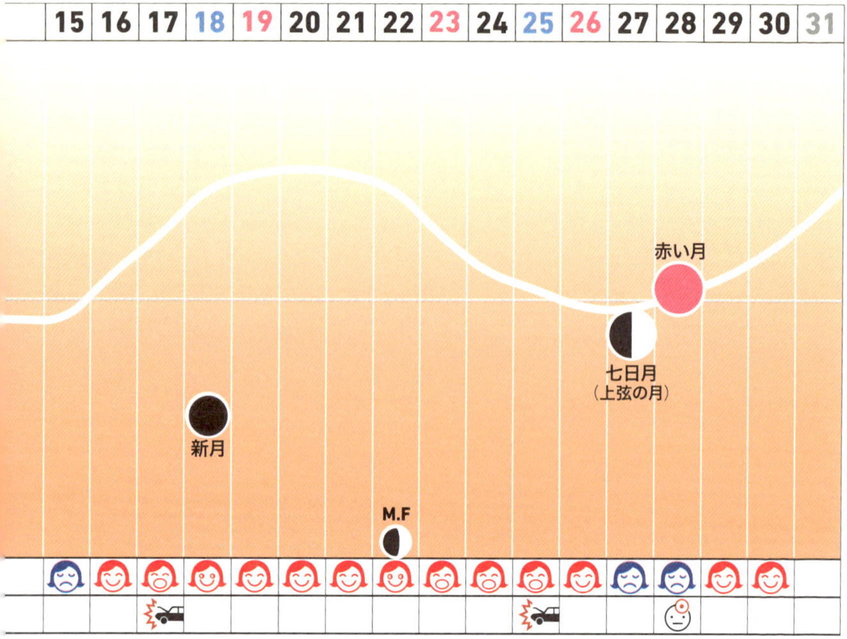
15 16 17 18 19 20 21 22 23 24 25 26 27 28 29 30 31
赤い月
七日月
（上弦の月）
新月
M.F

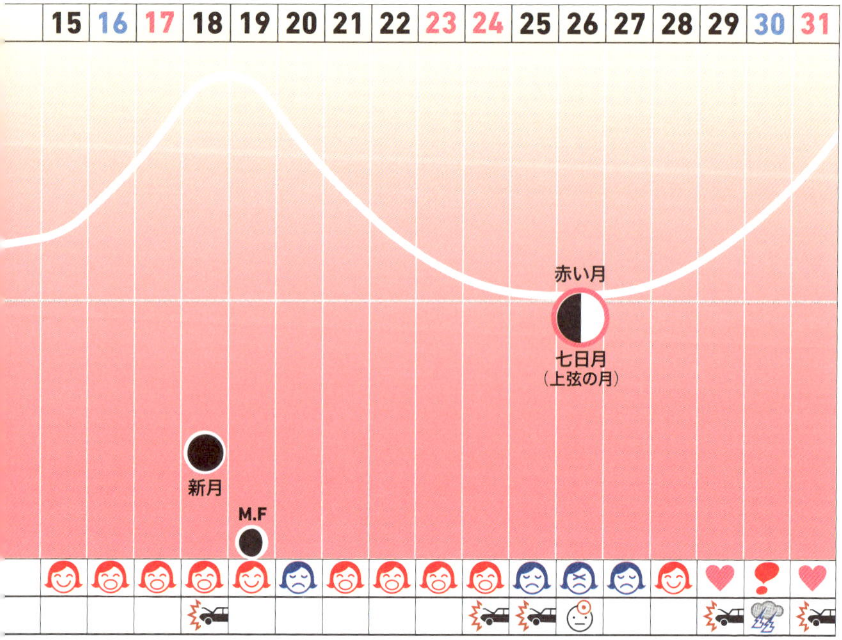
15 16 17 18 19 20 21 22 23 24 25 26 27 28 29 30 31
赤い月
七日月
（上弦の月）
新月
M.F

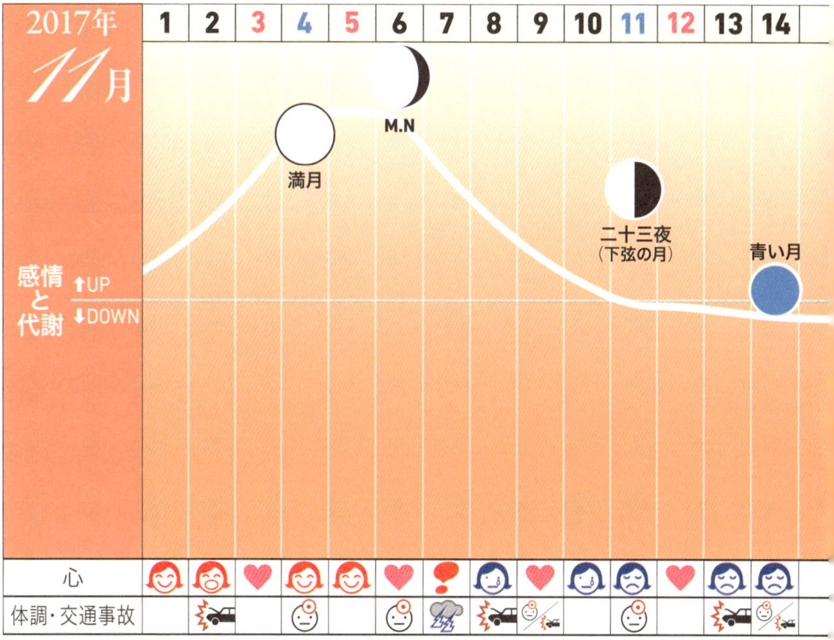
2017年
11月
1 2 3 4 5 6 7 8 9 10 11 12 13 14
満月
M.N
二十三夜
（下弦の月）
青い月
感情と代謝
UP
DOWN
心
体調・交通事故

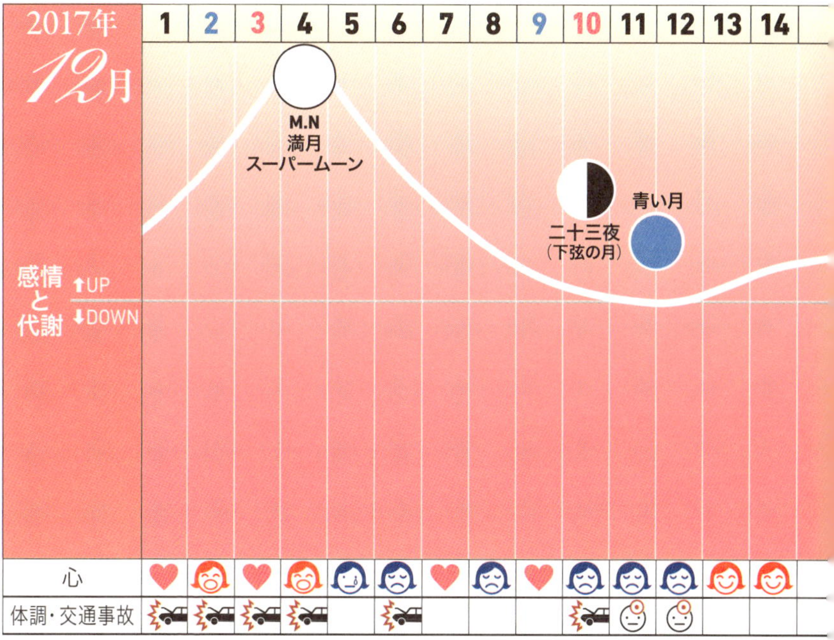
2017年
12月
1 2 3 4 5 6 7 8 9 10 11 12 13 14
M.N
満月
スーパームーン
二十三夜
（下弦の月）
青い月
感情と代謝
UP
DOWN
心
体調・交通事故

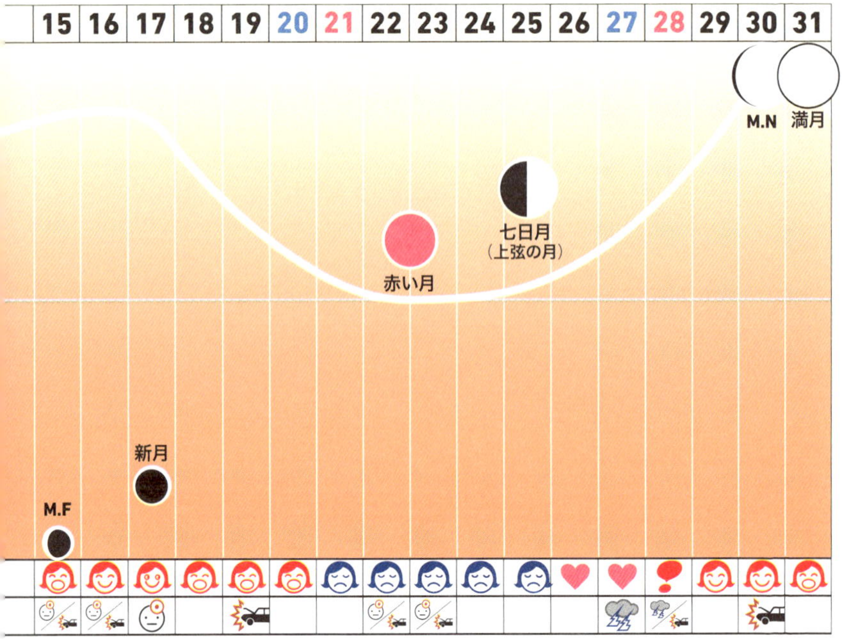
15 16 17 18 19 20 21 22 23 24 25 26 27 28 29 30 31
M.N
満月
七日月
（上弦の月）
赤い月
新月
M.F

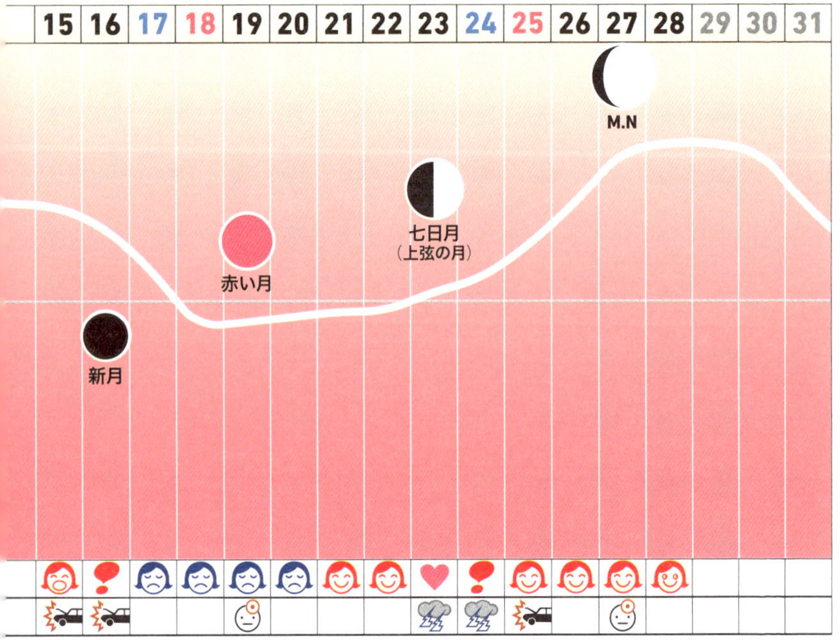
15 16 17 18 19 20 21 22 23 24 25 26 27 28 29 30 31
M.N
七日月
（上弦の月）
赤い月
新月

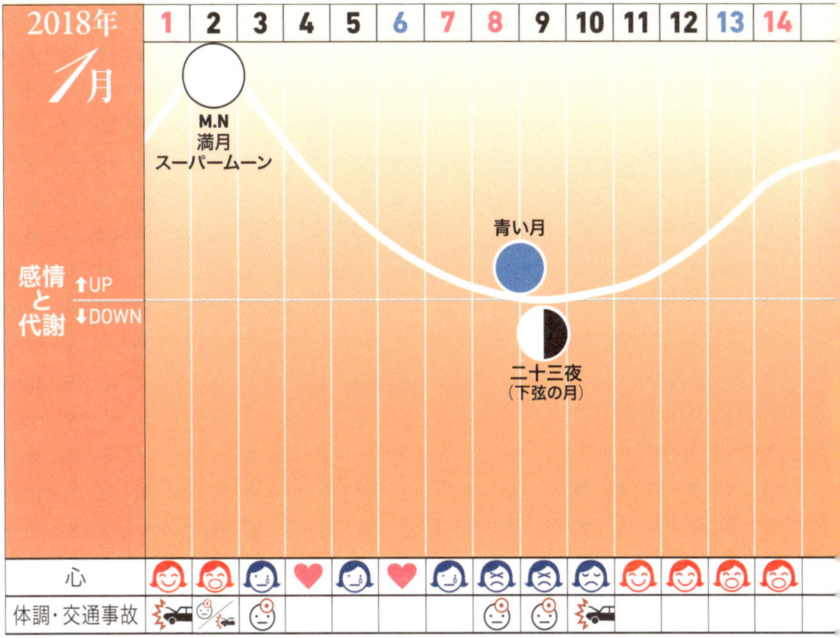
2018年
1月
1 2 3 4 5 6 7 8 9 10 11 12 13 14
M.N
満月
スーパームーン
青い月
感情と代謝
↑UP
↓DOWN
二十三夜
（下弦の月）
心
体調・交通事故

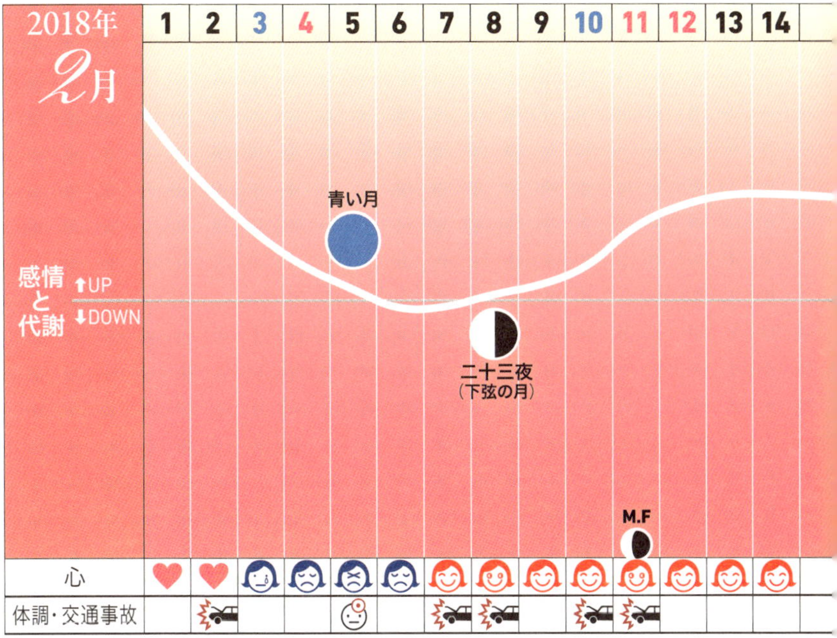
2018年
2月
1 2 3 4 5 6 7 8 9 10 11 12 13 14
青い月
感情と代謝
↑UP
↓DOWN
二十三夜
（下弦の月）
M.F
心
体調・交通事故

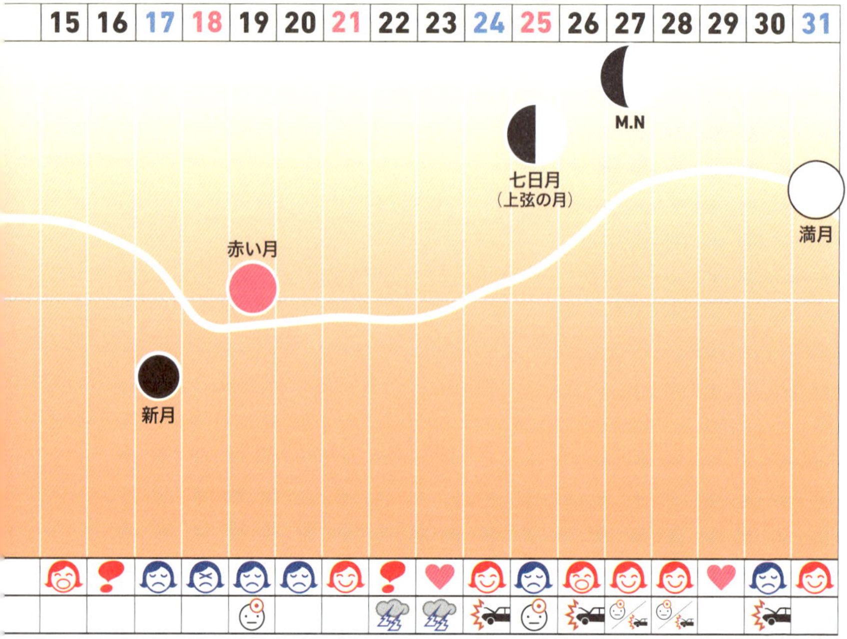
15 16 17 18 19 20 21 22 23 24 25 26 27 28 29 30 31
M.N
七日月
（上弦の月）
満月
赤い月
新月

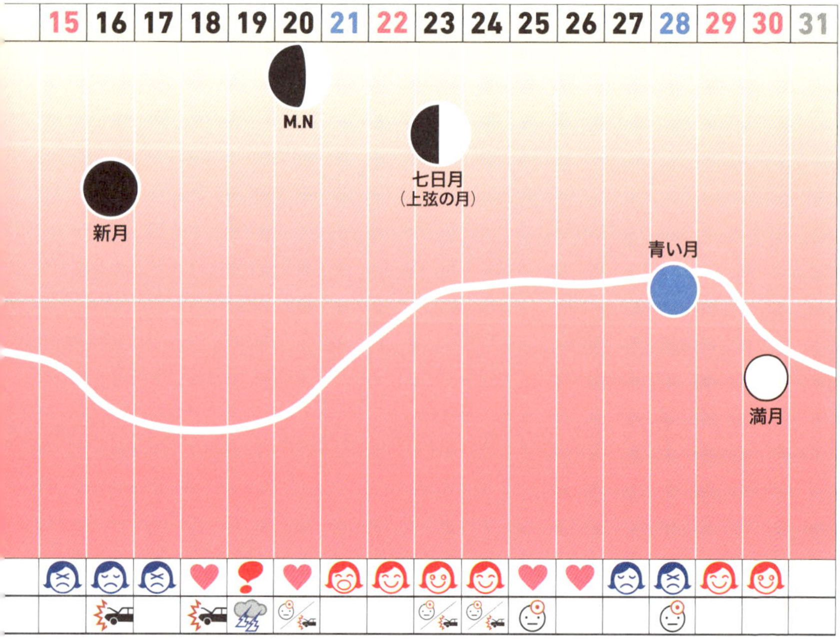
15 16 17 18 19 20 21 22 23 24 25 26 27 28 29 30 31
M.N
七日月
（上弦の月）
新月
青い月
満月

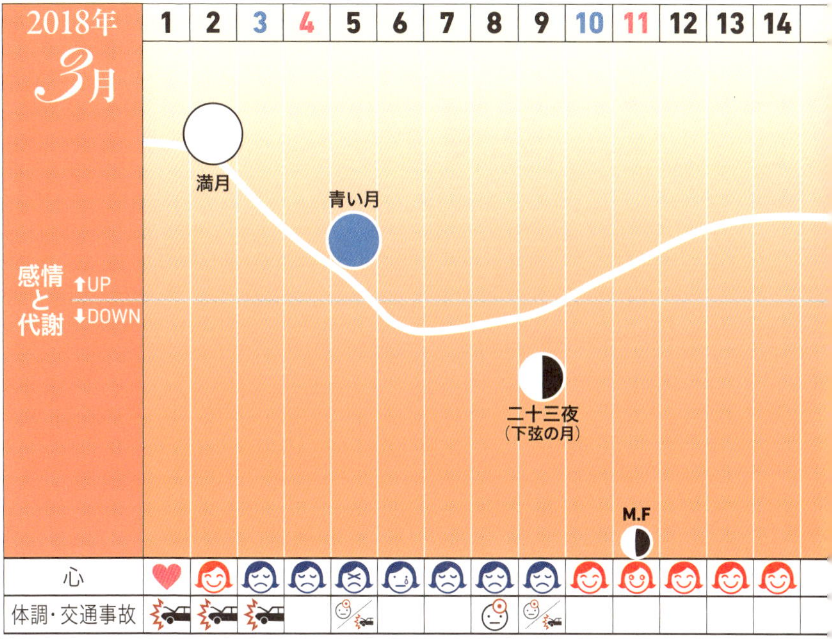
2018年
3月
1 2 3 4 5 6 7 8 9 10 11 12 13 14
満月
青い月
二十三夜
（下弦の月）
M.F
感情と代謝
UP
DOWN
心
体調・交通事故

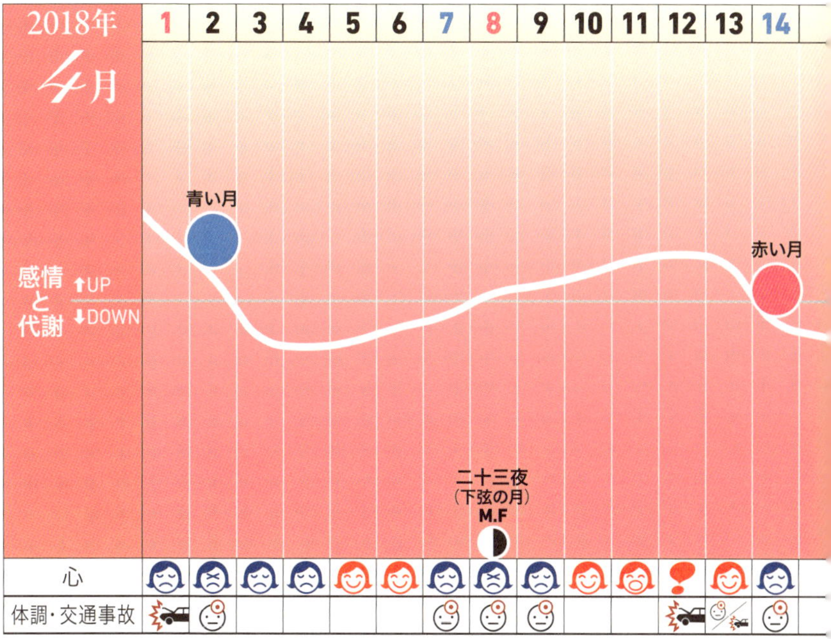
2018年
4月
1 2 3 4 5 6 7 8 9 10 11 12 13 14
青い月
赤い月
二十三夜
（下弦の月）
M.F
感情と代謝
UP
DOWN
心
体調・交通事故

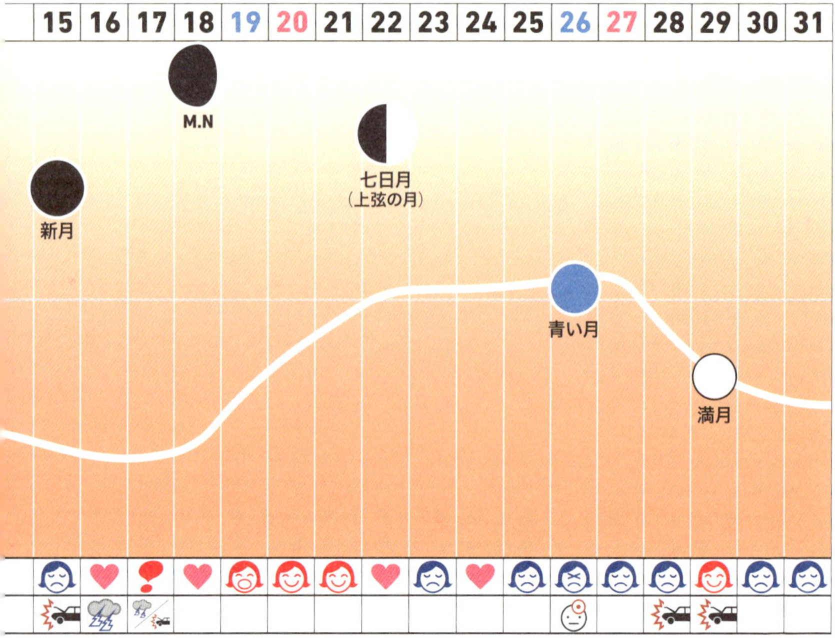
15 16 17 18 19 20 21 22 23 24 25 26 27 28 29 30 31
M.N
七日月
（上弦の月）
新月
青い月
満月

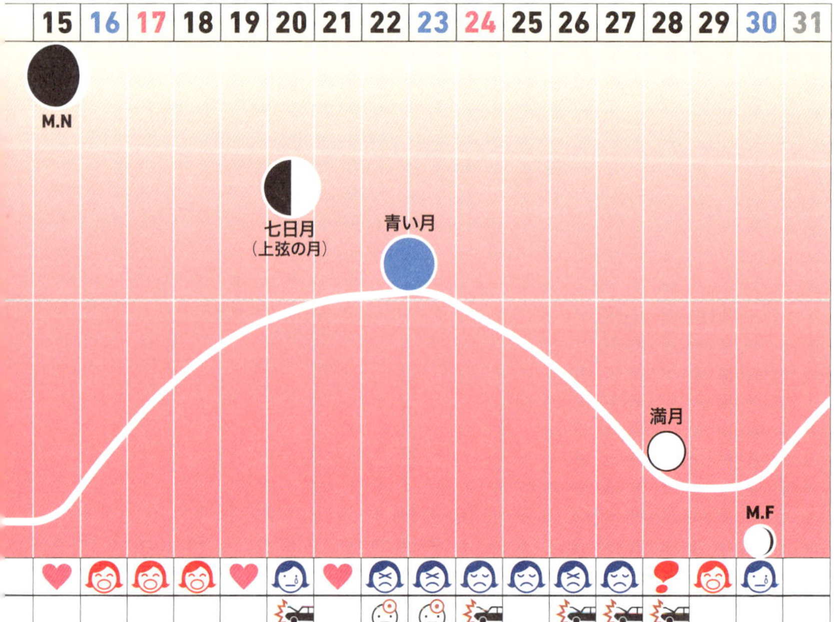
15 16 17 18 19 20 21 22 23 24 25 26 27 28 29 30 31
M.N
七日月
（上弦の月）
青い月
満月
M.F

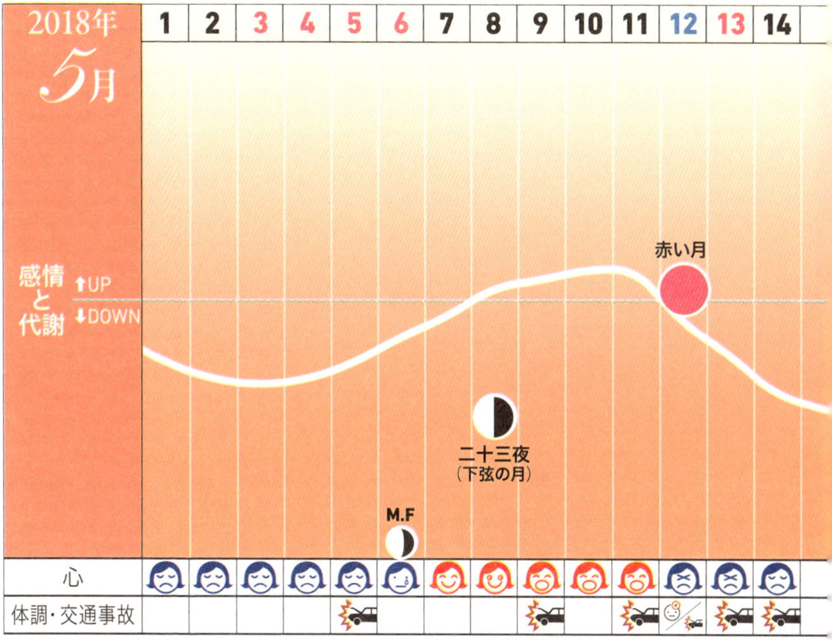
2018年
5月
1 2 3 4 5 6 7 8 9 10 11 12 13 14
感情と代謝
↑UP
↓DOWN
赤い月
二十三夜
（下弦の月）
M.F
心
体調・交通事故

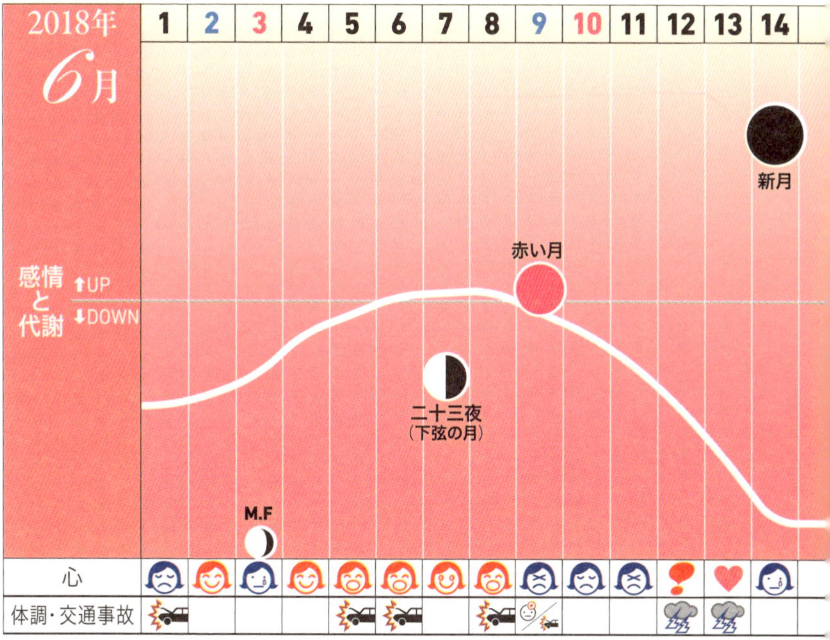
2018年
6月
1 2 3 4 5 6 7 8 9 10 11 12 13 14
新月
感情と代謝
↑UP
↓DOWN
赤い月
二十三夜
（下弦の月）
M.F
心
体調・交通事故

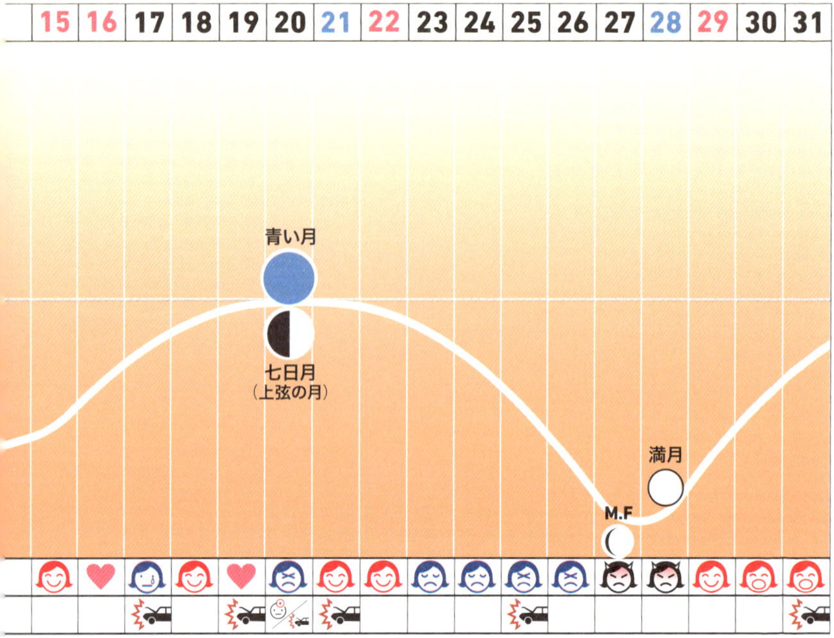

15 16 17 18 19 20 21 22 23 24 25 26 27 28 29 30 31
青い月
七日月
（上弦の月）
満月
M.F

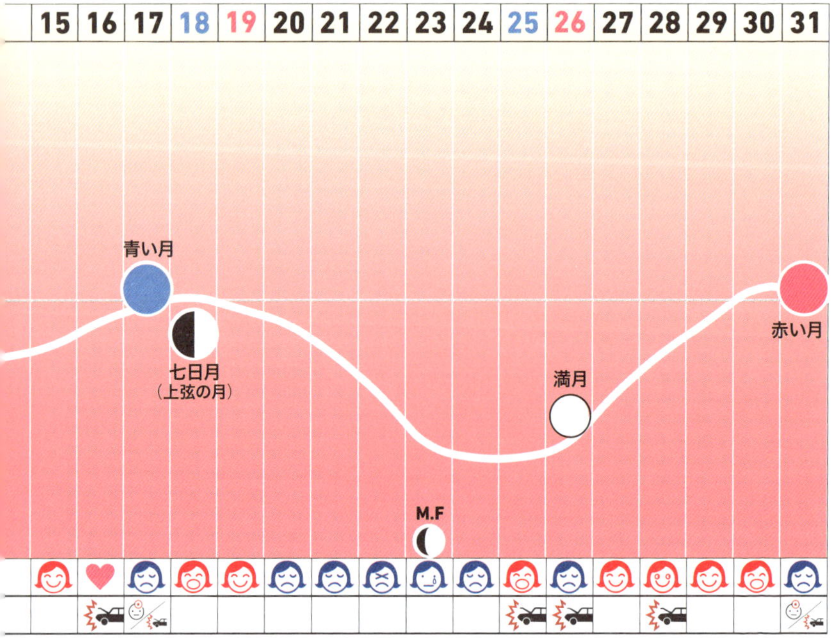

15 16 17 18 19 20 21 22 23 24 25 26 27 28 29 30 31
青い月
七日月
（上弦の月）
満月
M.F
赤い月

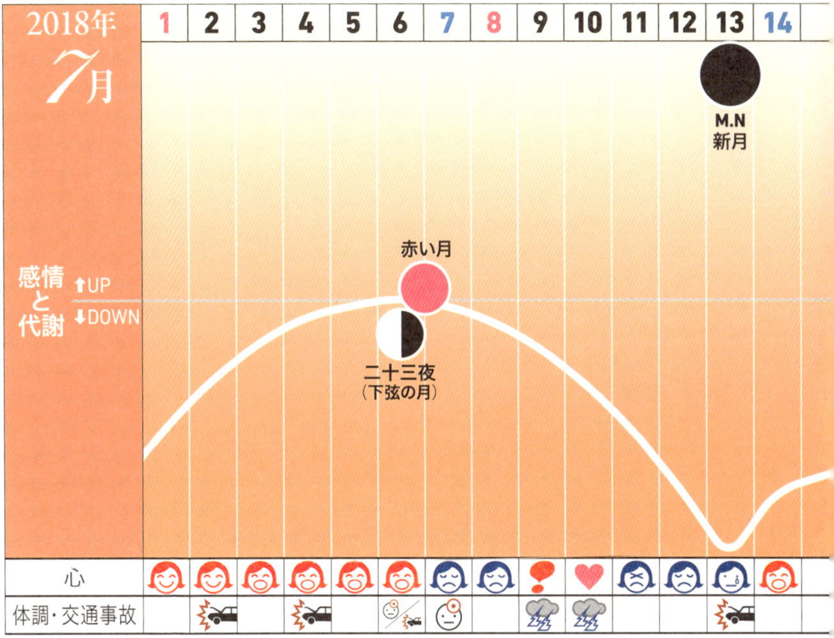
2018年
7月
1 2 3 4 5 6 7 8 9 10 11 12 13 14
M.N
新月
赤い月
感情
と
代謝
⬆UP
⬇DOWN
二十三夜
（下弦の月）
心
体調・交通事故

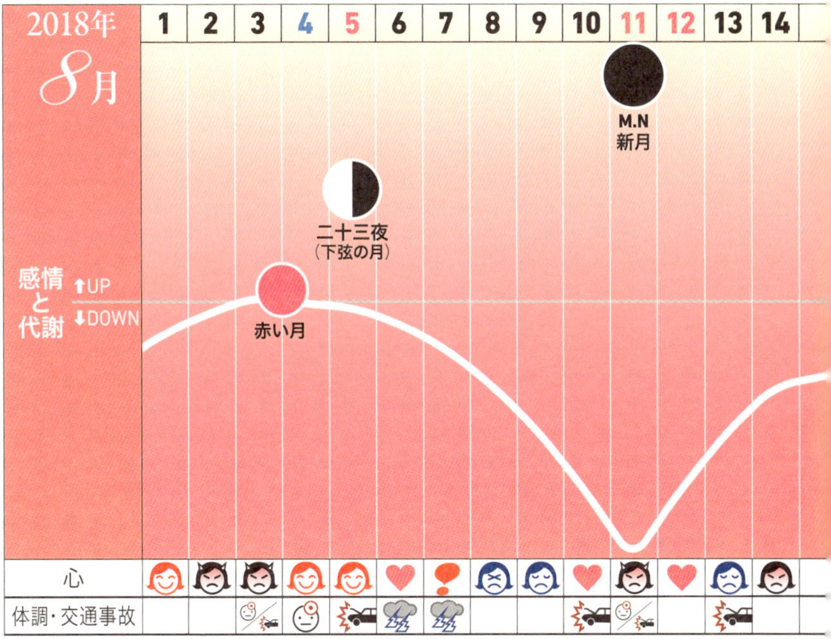
2018年
8月
1 2 3 4 5 6 7 8 9 10 11 12 13 14
M.N
新月
二十三夜
（下弦の月）
感情
と
代謝
⬆UP
⬇DOWN
赤い月
心
体調・交通事故

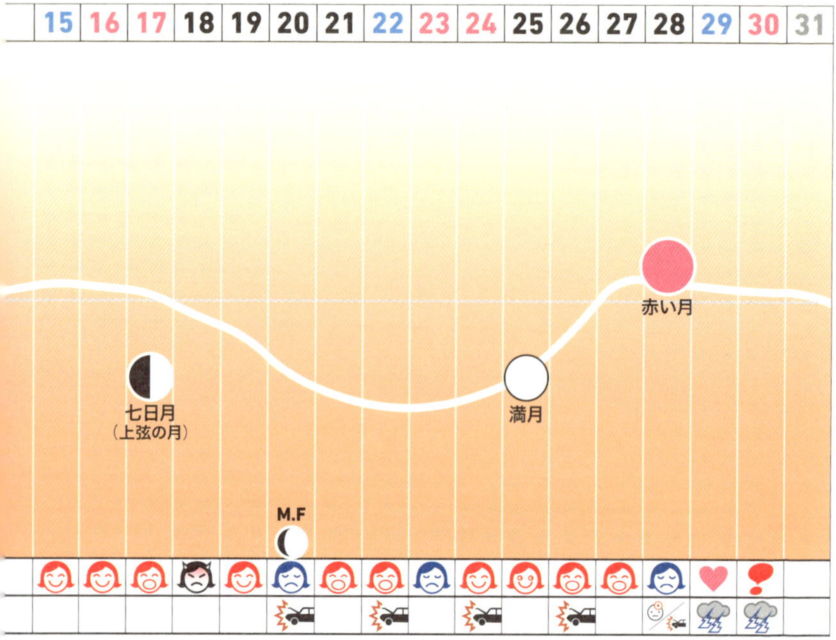
15 16 17 18 19 20 21 22 23 24 25 26 27 28 29 30 31
赤い月
七日月
（上弦の月）
満月
M.F

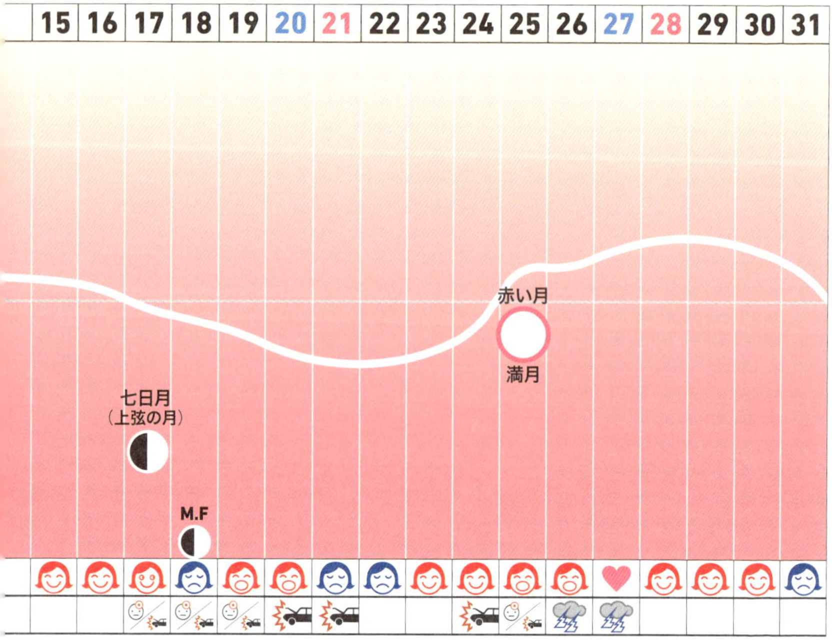
15 16 17 18 19 20 21 22 23 24 25 26 27 28 29 30 31
赤い月
満月
七日月
（上弦の月）
M.F

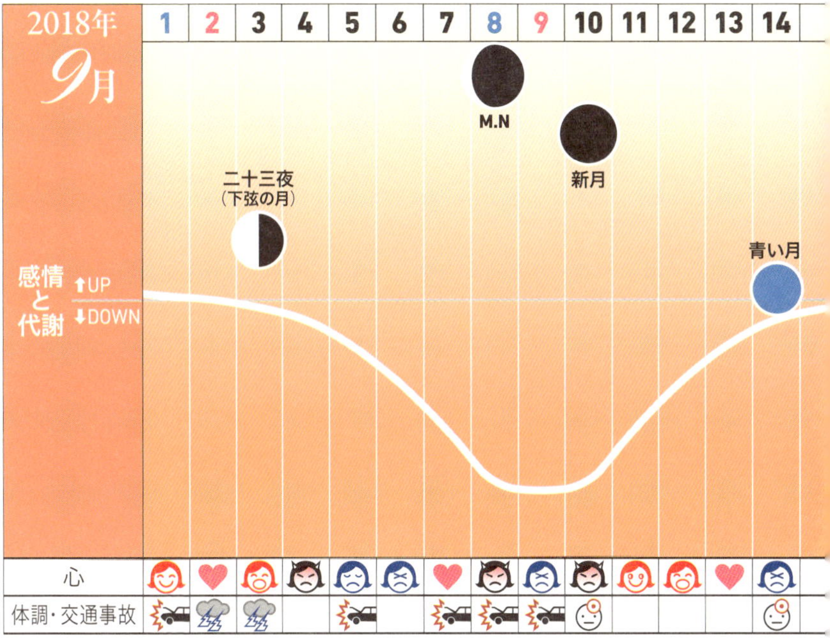
2018年
9月
1 2 3 4 5 6 7 8 9 10 11 12 13 14
M.N
新月
二十三夜
（下弦の月）
青い月
感情と代謝
UP
DOWN
心
体調・交通事故

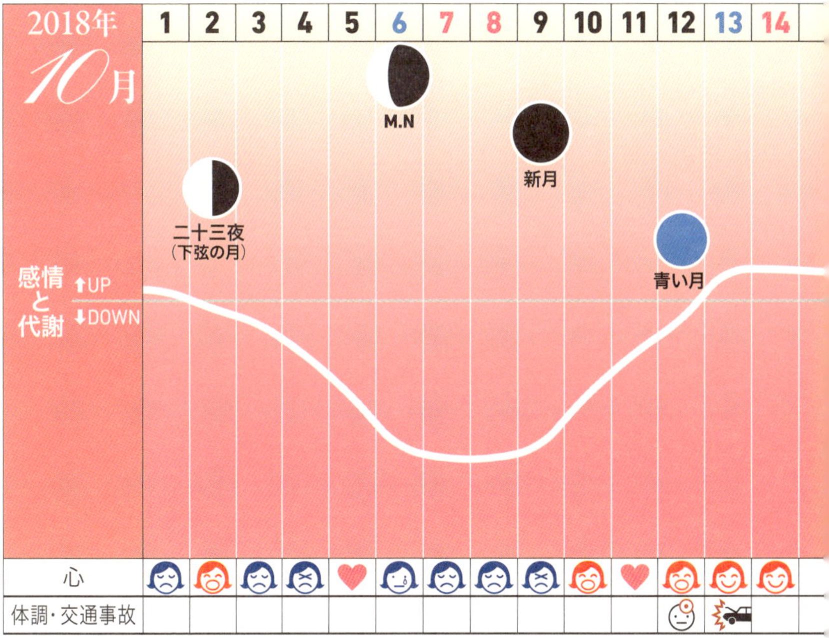
2018年
10月
1 2 3 4 5 6 7 8 9 10 11 12 13 14
M.N
新月
二十三夜
（下弦の月）
青い月
感情と代謝
UP
DOWN
心
体調・交通事故

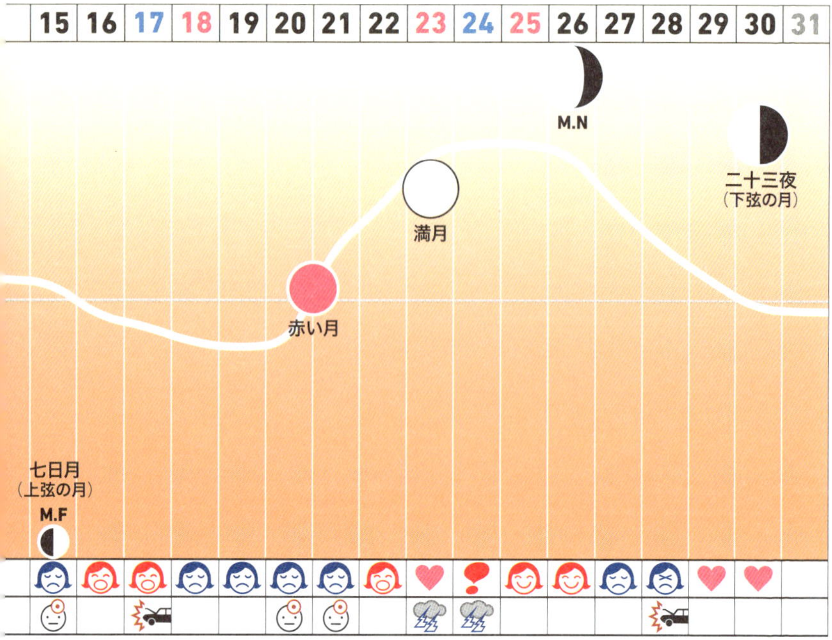
15 16 17 18 19 20 21 22 23 24 25 26 27 28 29 30 31
M.N
二十三夜
（下弦の月）
満月
赤い月
七日月
（上弦の月）
M.F

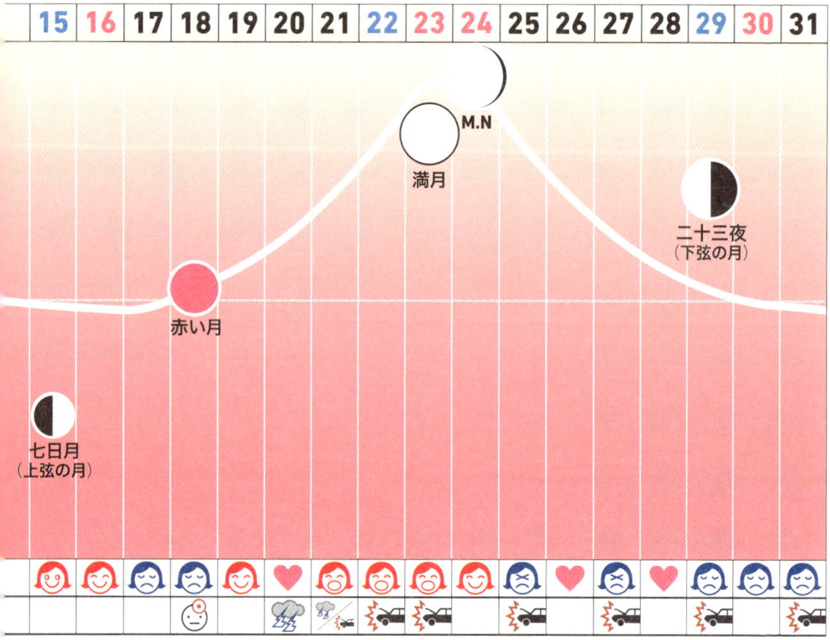
15 16 17 18 19 20 21 22 23 24 25 26 27 28 29 30 31
M.N
満月
二十三夜
（下弦の月）
赤い月
七日月
（上弦の月）

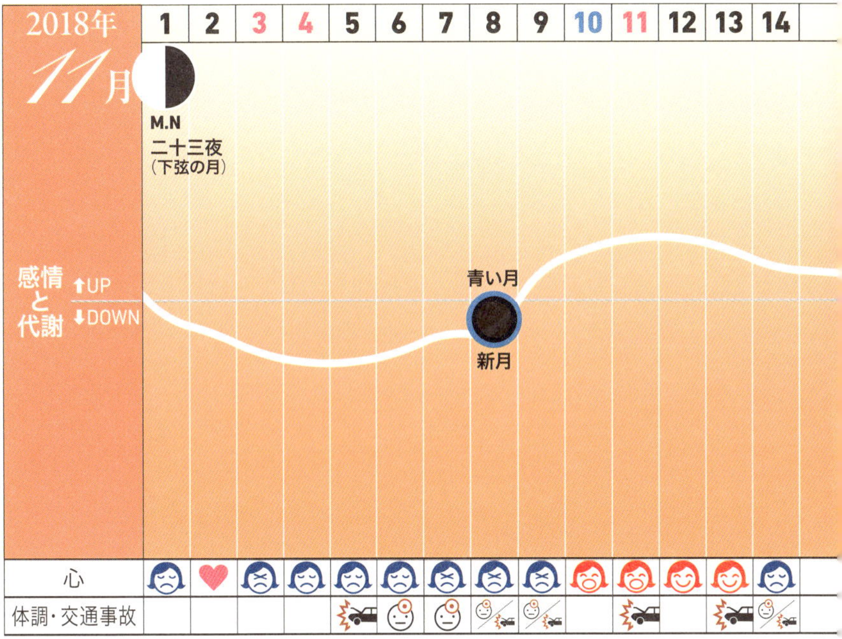
2018年
11月
1 2 3 4 5 6 7 8 9 10 11 12 13 14
M.N
二十三夜
（下弦の月）
青い月
新月
感情と代謝
↑UP
↓DOWN
心
体調・交通事故

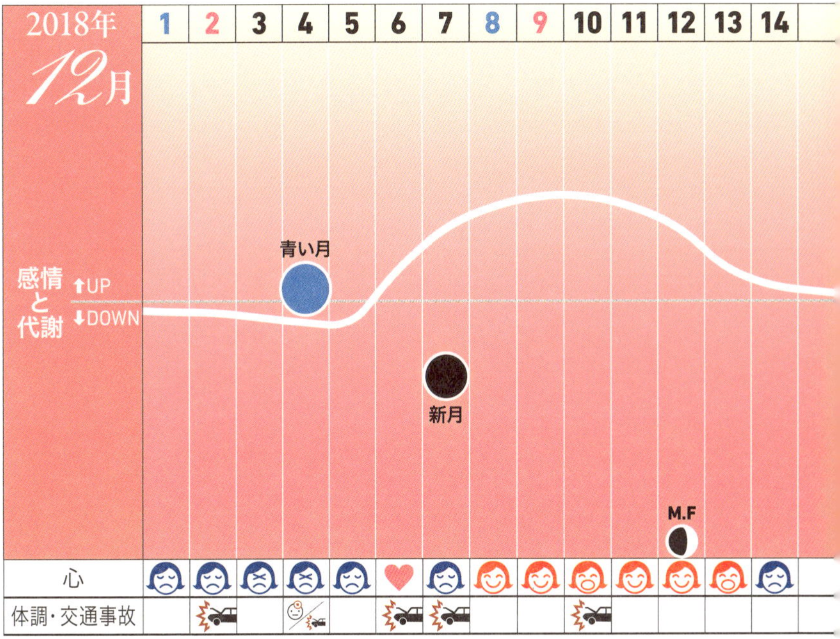
2018年
12月
1 2 3 4 5 6 7 8 9 10 11 12 13 14
青い月
新月
M.F
感情と代謝
↑UP
↓DOWN
心
体調・交通事故

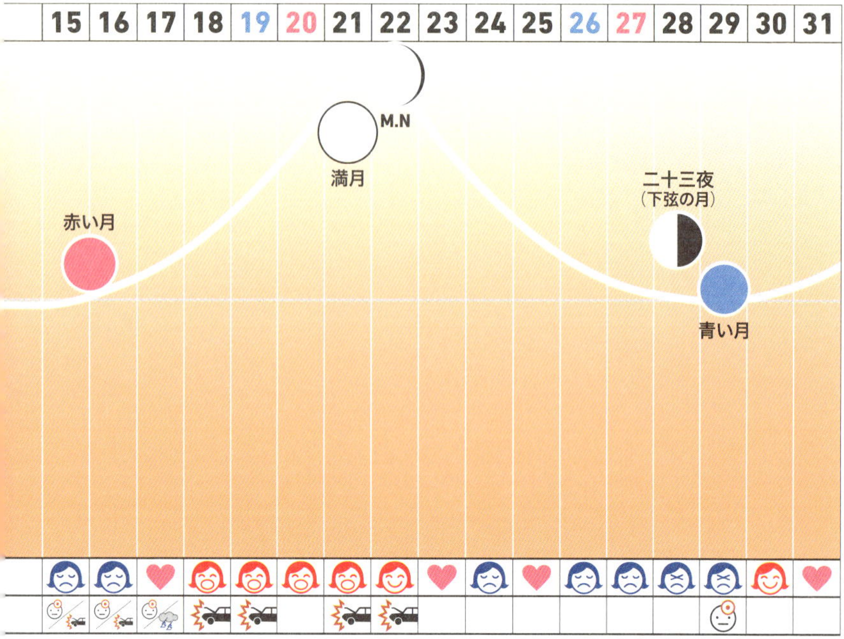
15 16 17 18 19 20 21 22 23 24 25 26 27 28 29 30 31
M.N
満月
二十三夜
（下弦の月）
赤い月
青い月

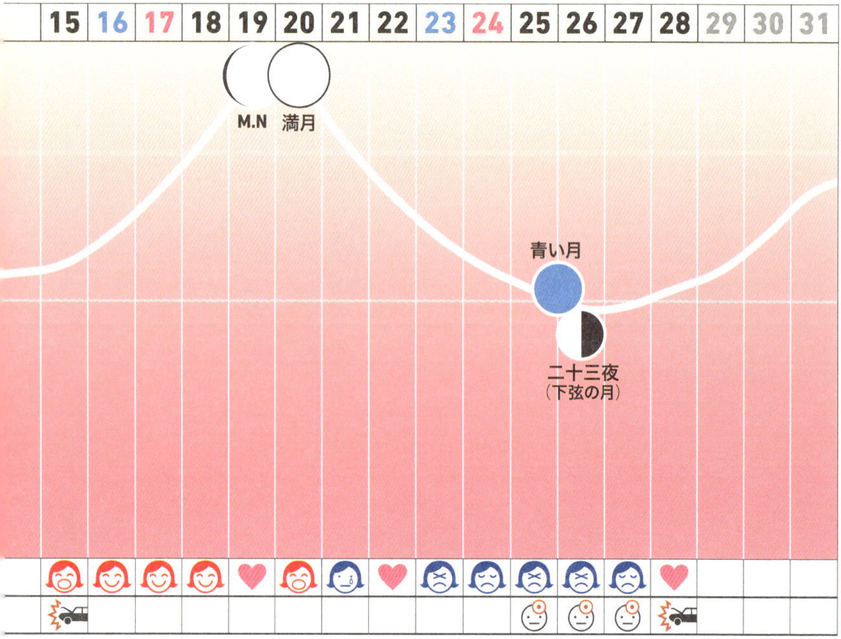
15 16 17 18 19 20 21 22 23 24 25 26 27 28 29 30 31
M.N
満月
青い月
二十三夜
（下弦の月）

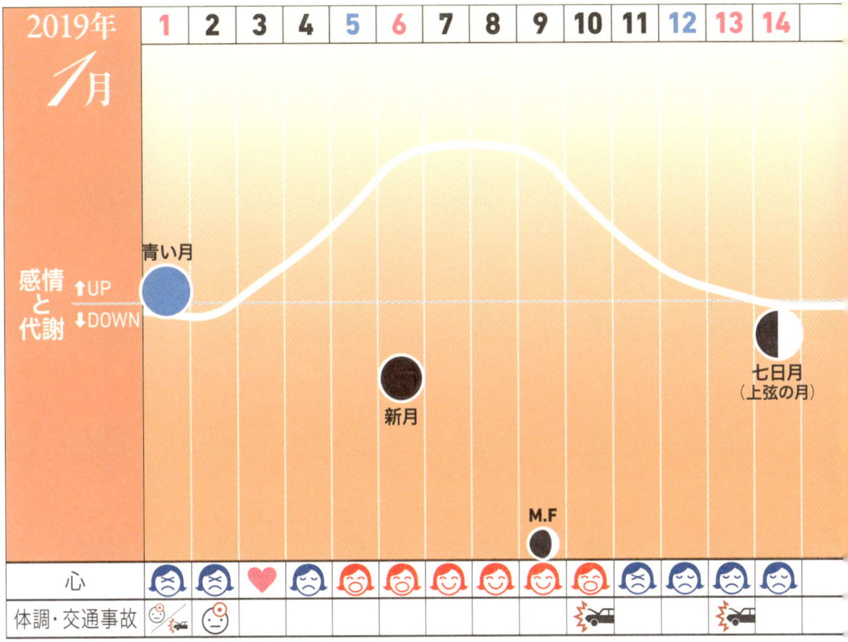
2019年
1月
1 2 3 4 5 6 7 8 9 10 11 12 13 14
青い月
感情と代謝
↑UP
↓DOWN
新月
M.F
七日月
（上弦の月）
心
体調・交通事故

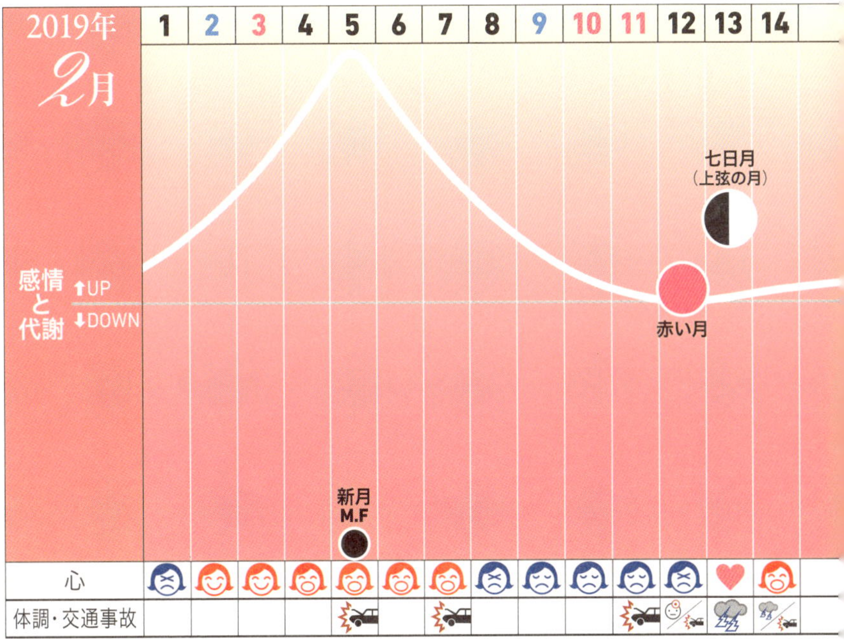
2019年
2月
1 2 3 4 5 6 7 8 9 10 11 12 13 14
七日月
（上弦の月）
感情と代謝
↑UP
↓DOWN
赤い月
新月
M.F
心
体調・交通事故

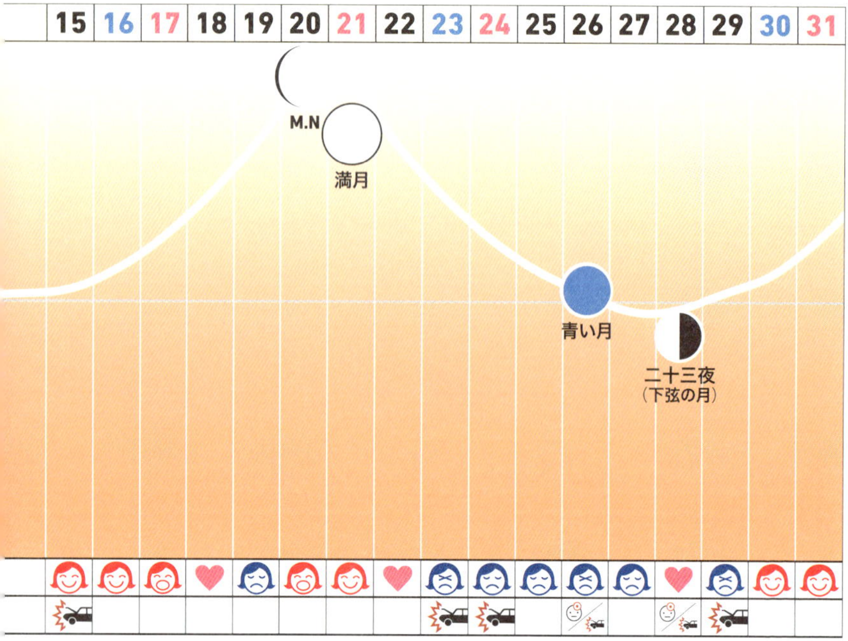
15 16 17 18 19 20 21 22 23 24 25 26 27 28 29 30 31
M.N
満月
青い月
二十三夜
（下弦の月）

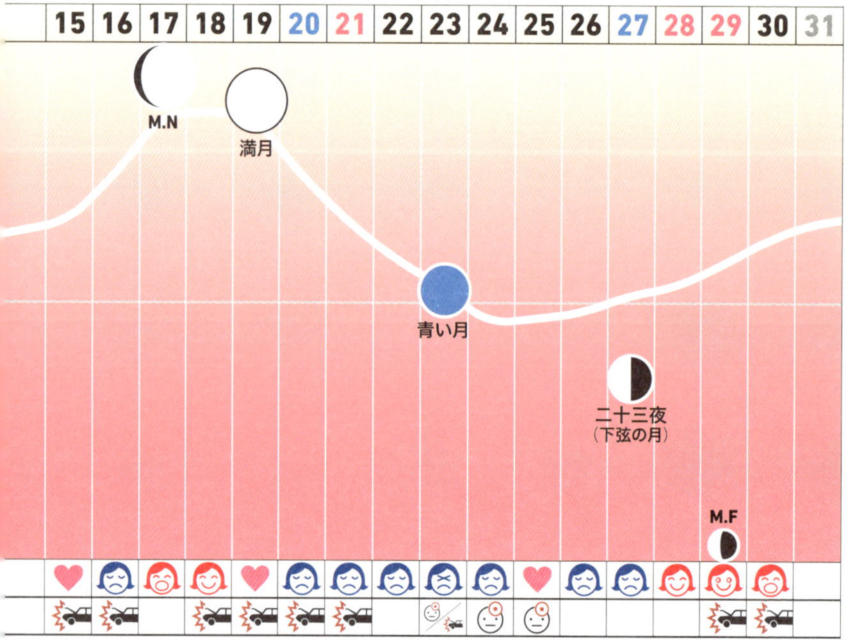
15 16 17 18 19 20 21 22 23 24 25 26 27 28 29 30 31
M.N
満月
青い月
二十三夜
（下弦の月）
M.F

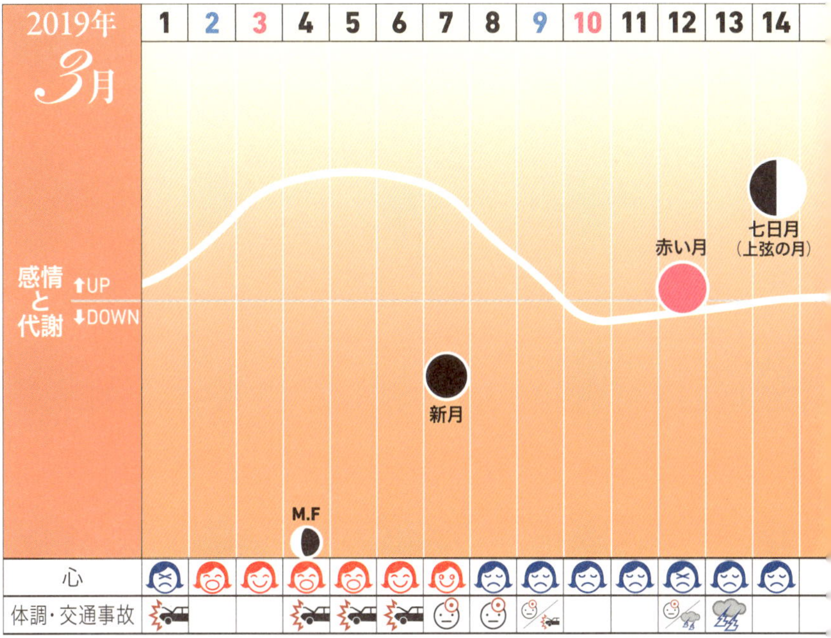

2019年
3月
1 2 3 4 5 6 7 8 9 10 11 12 13 14
感情と代謝
UP
DOWN
七日月
(上弦の月)
赤い月
新月
M.F
心
体調・交通事故

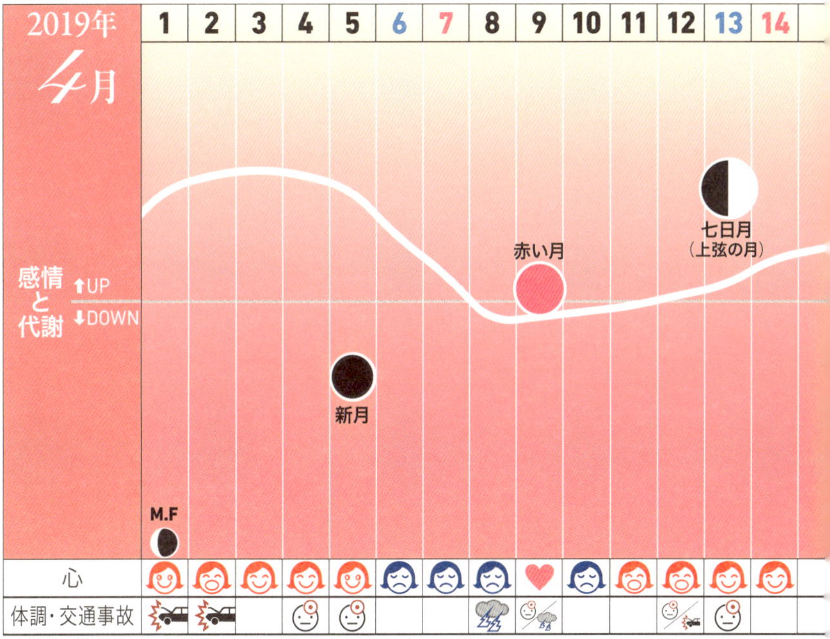

2019年
4月
1 2 3 4 5 6 7 8 9 10 11 12 13 14
感情と代謝
UP
DOWN
七日月
(上弦の月)
赤い月
新月
M.F
心
体調・交通事故

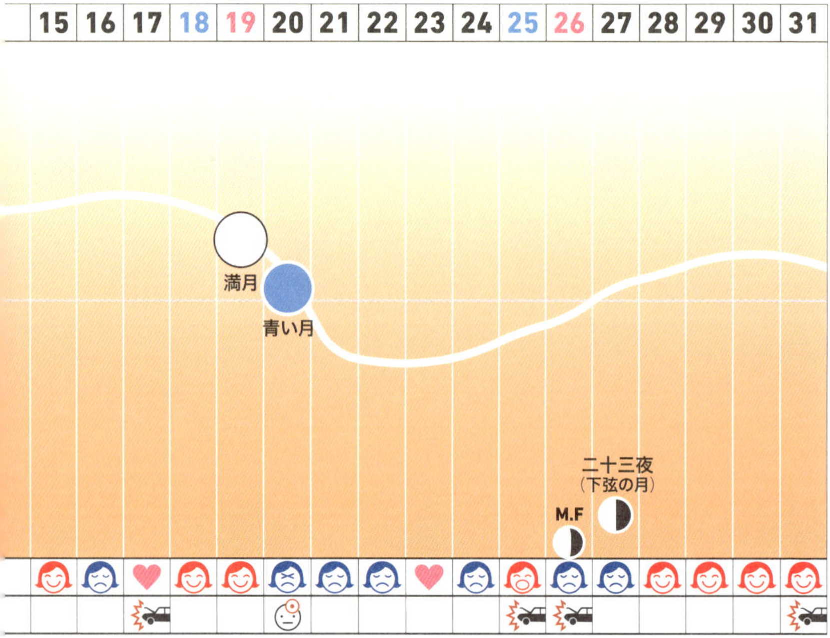

15 16 17 18 19 20 21 22 23 24 25 26 27 28 29 30 31
満月
青い月
二十三夜
（下弦の月）
M.F

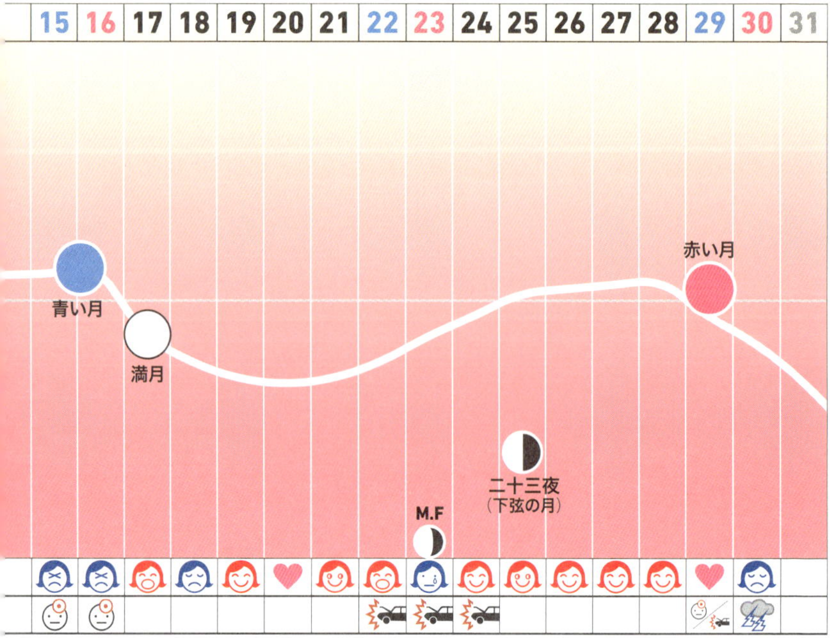

15 16 17 18 19 20 21 22 23 24 25 26 27 28 29 30 31
青い月
満月
赤い月
二十三夜
（下弦の月）
M.F

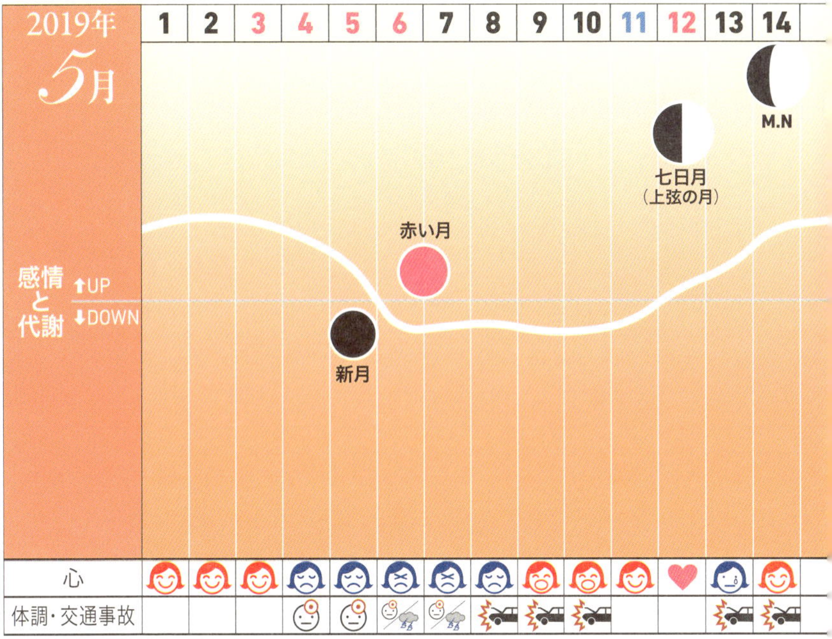
2019年
5月
1 2 3 4 5 6 7 8 9 10 11 12 13 14
M.N
七日月
（上弦の月）
赤い月
新月
感情と代謝
↑UP
↓DOWN
心
体調・交通事故

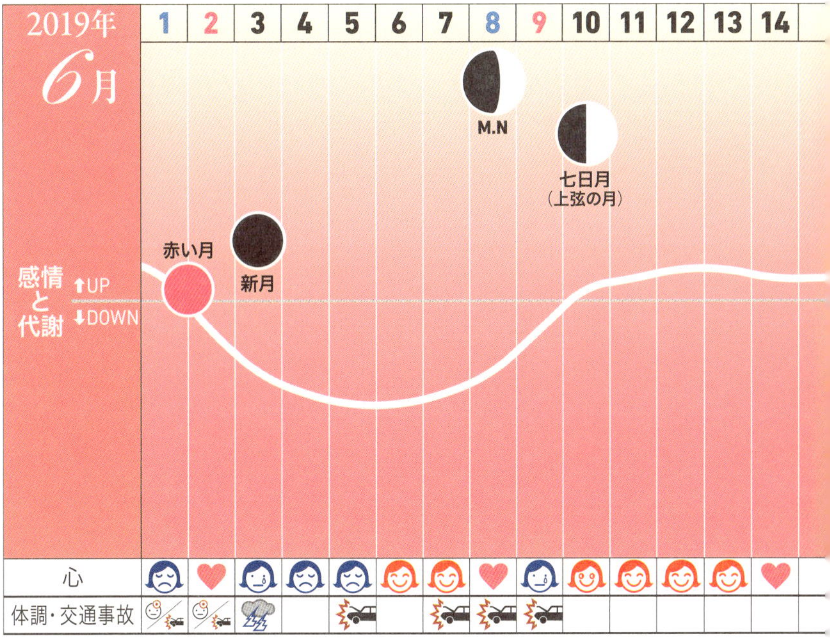
2019年
6月
1 2 3 4 5 6 7 8 9 10 11 12 13 14
M.N
七日月
（上弦の月）
赤い月
新月
感情と代謝
↑UP
↓DOWN
心
体調・交通事故

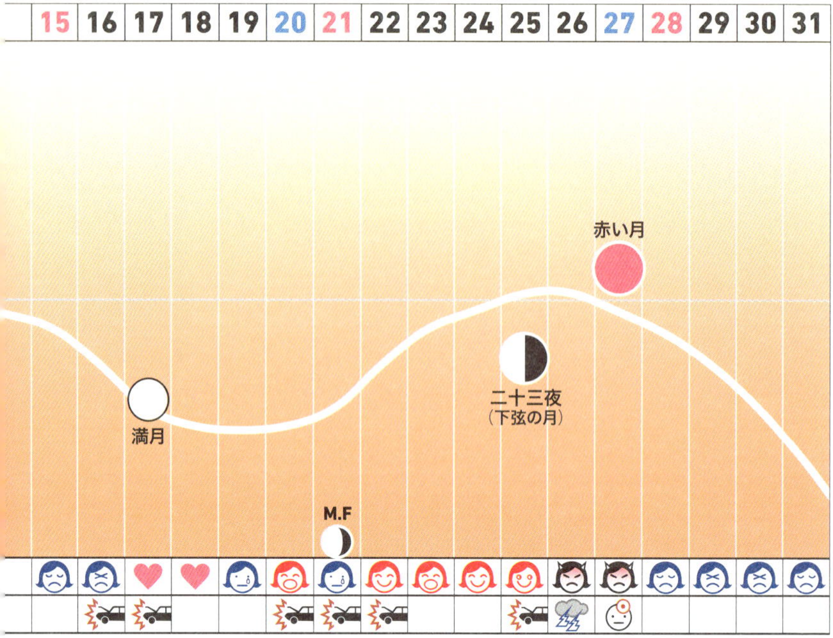
15 16 17 18 19 20 21 22 23 24 25 26 27 28 29 30 31
赤い月
二十三夜
（下弦の月）
満月
M.F

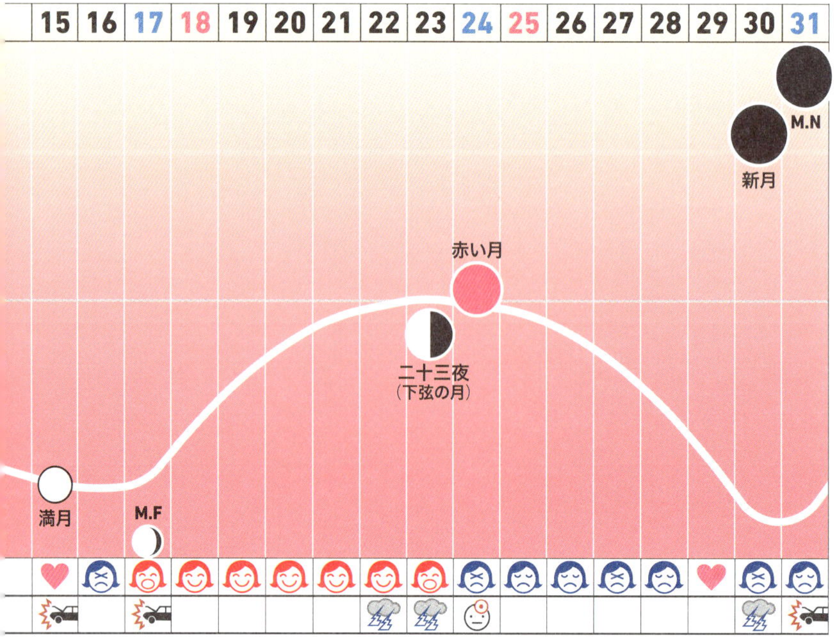
15 16 17 18 19 20 21 22 23 24 25 26 27 28 29 30 31
M.N
新月
赤い月
二十三夜
（下弦の月）
満月
M.F

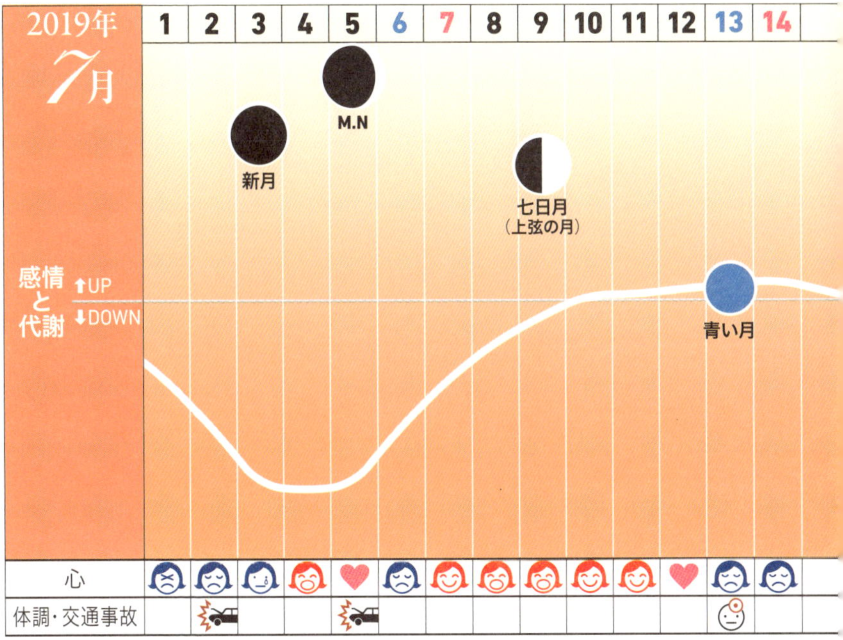
2019年
7月
1 2 3 4 5 6 7 8 9 10 11 12 13 14
M.N
新月
七日月
（上弦の月）
感情
と
代謝
↑UP
↓DOWN
青い月
心
体調・交通事故

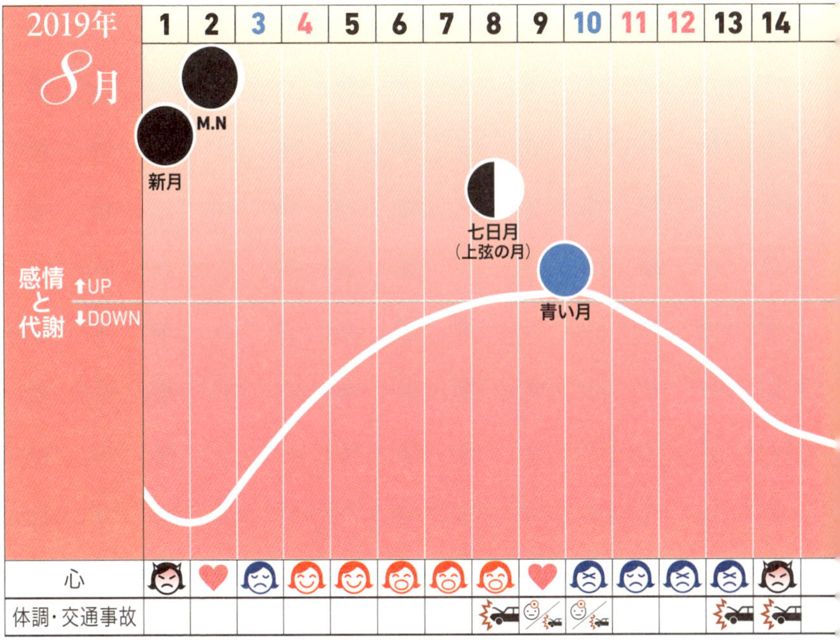
2019年
8月
1 2 3 4 5 6 7 8 9 10 11 12 13 14
M.N
新月
七日月
（上弦の月）
感情
と
代謝
↑UP
↓DOWN
青い月
心
体調・交通事故

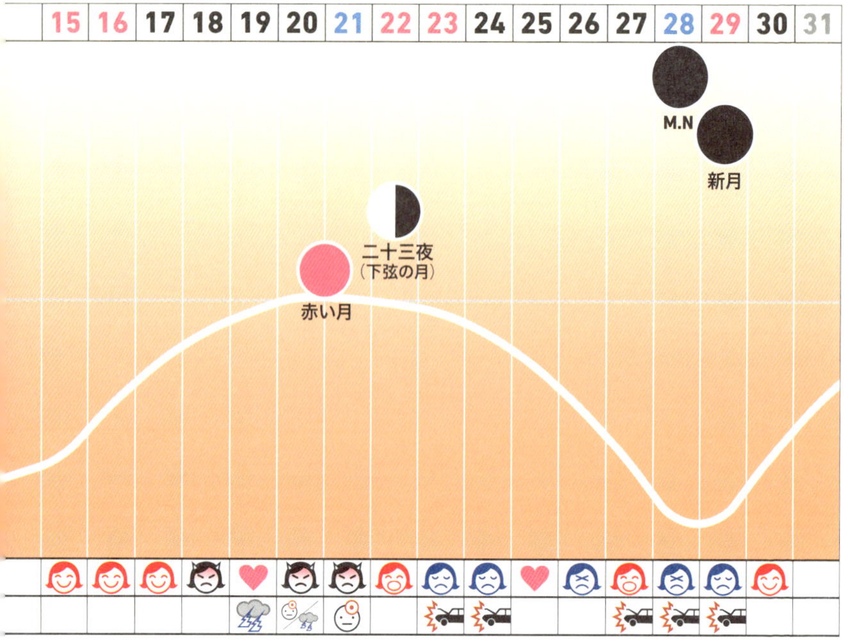
15 16 17 18 19 20 21 22 23 24 25 26 27 28 29 30 31
M.N
新月
二十三夜
（下弦の月）
赤い月

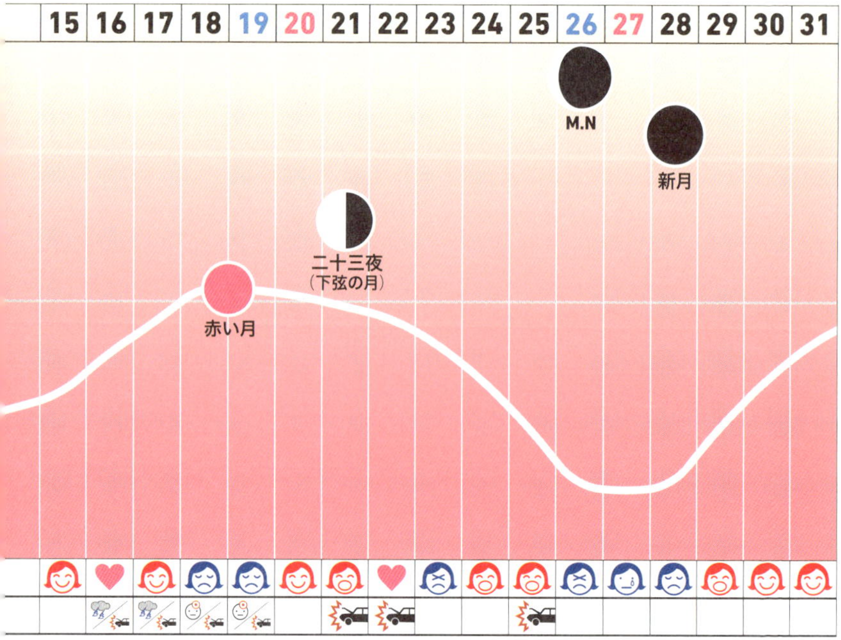
15 16 17 18 19 20 21 22 23 24 25 26 27 28 29 30 31
M.N
新月
二十三夜
（下弦の月）
赤い月

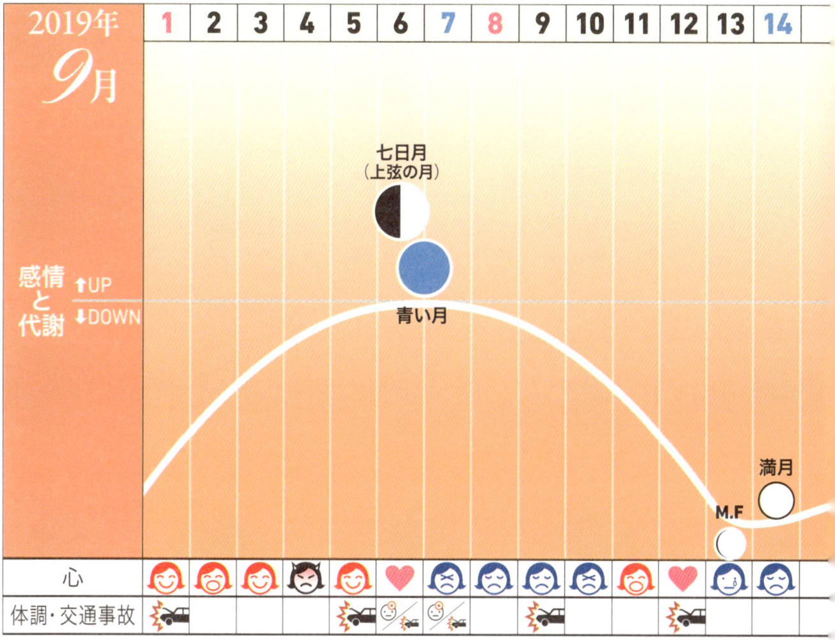
2019年
9月
1 2 3 4 5 6 7 8 9 10 11 12 13 14
七日月
（上弦の月）
青い月
感情と代謝
↑UP
↓DOWN
M.F
満月
心
体調・交通事故

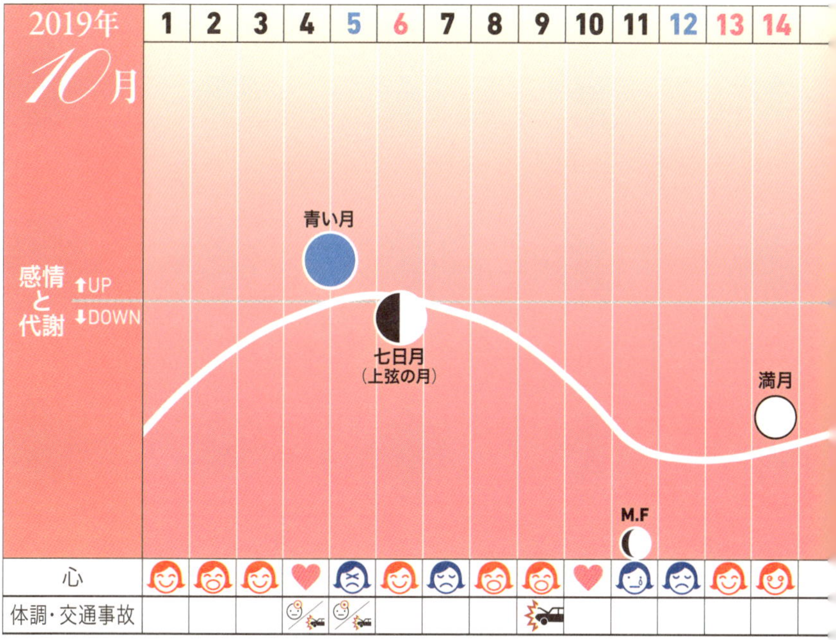
2019年
10月
1 2 3 4 5 6 7 8 9 10 11 12 13 14
青い月
七日月
（上弦の月）
感情と代謝
↑UP
↓DOWN
満月
M.F
心
体調・交通事故

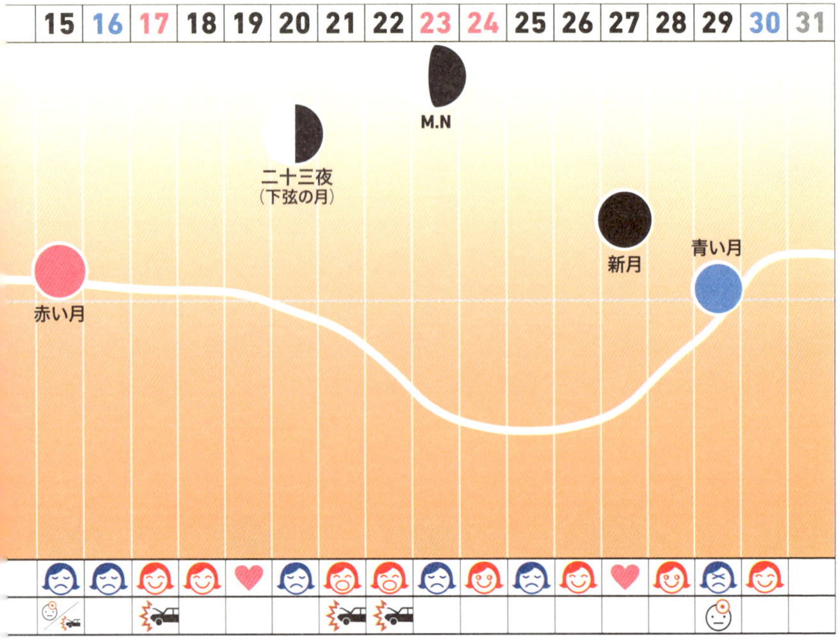
15 16 17 18 19 20 21 22 23 24 25 26 27 28 29 30 31
M.N
二十三夜
（下弦の月）
新月
青い月
赤い月

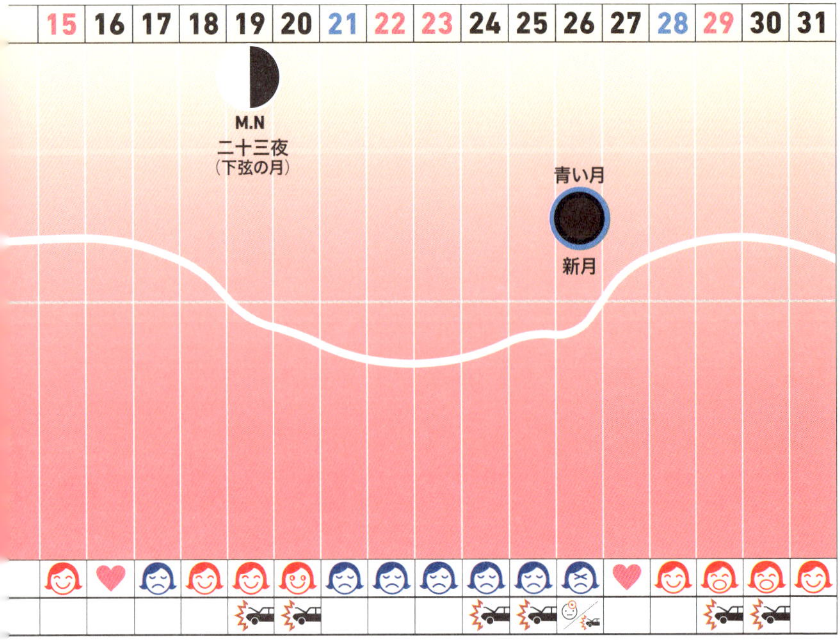
15 16 17 18 19 20 21 22 23 24 25 26 27 28 29 30 31
M.N
二十三夜
（下弦の月）
青い月
新月

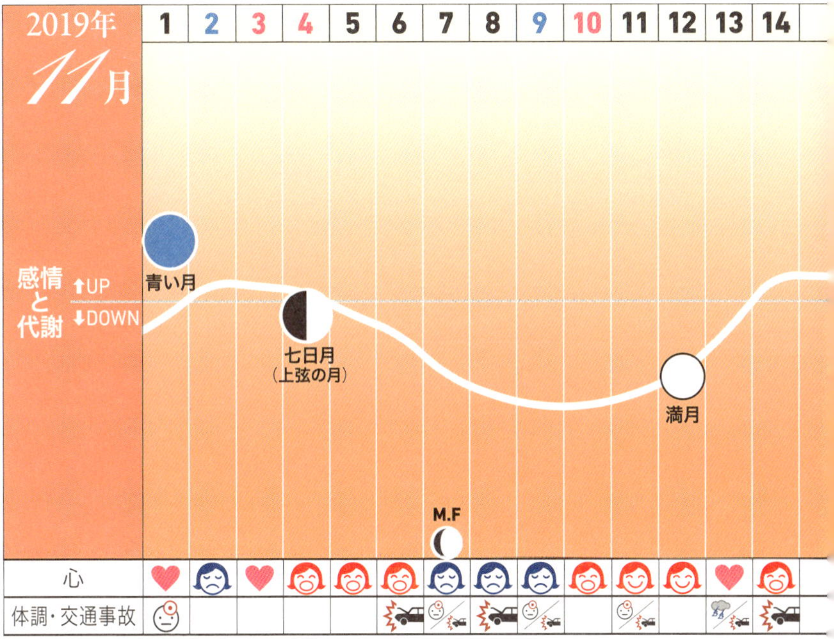
2019年
11月
1 2 3 4 5 6 7 8 9 10 11 12 13 14
感情と代謝
UP
DOWN
青い月
七日月
（上弦の月）
満月
M.F
心
体調・交通事故

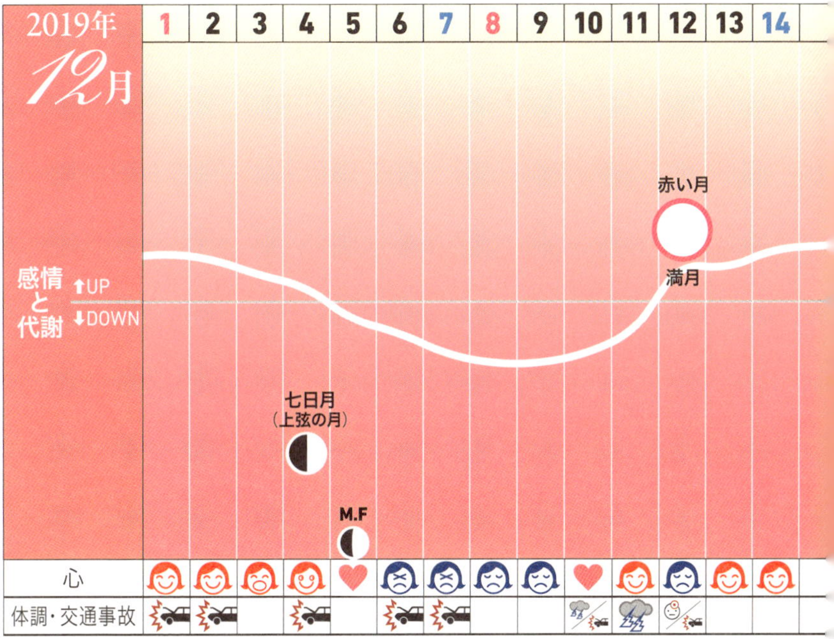
2019年
12月
1 2 3 4 5 6 7 8 9 10 11 12 13 14
感情と代謝
UP
DOWN
赤い月
満月
七日月
（上弦の月）
M.F
心
体調・交通事故

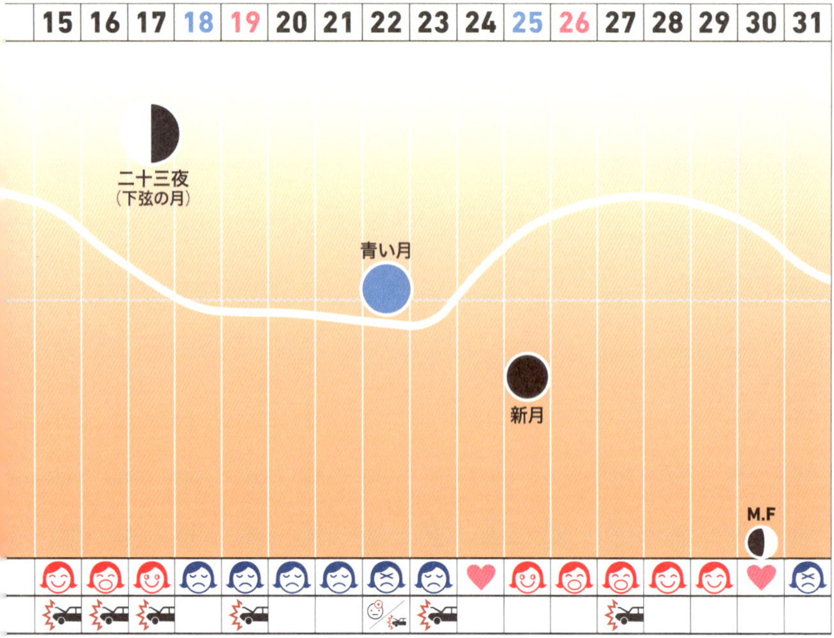
15 16 17 18 19 20 21 22 23 24 25 26 27 28 29 30 31
二十三夜
（下弦の月）
青い月
新月
M.F

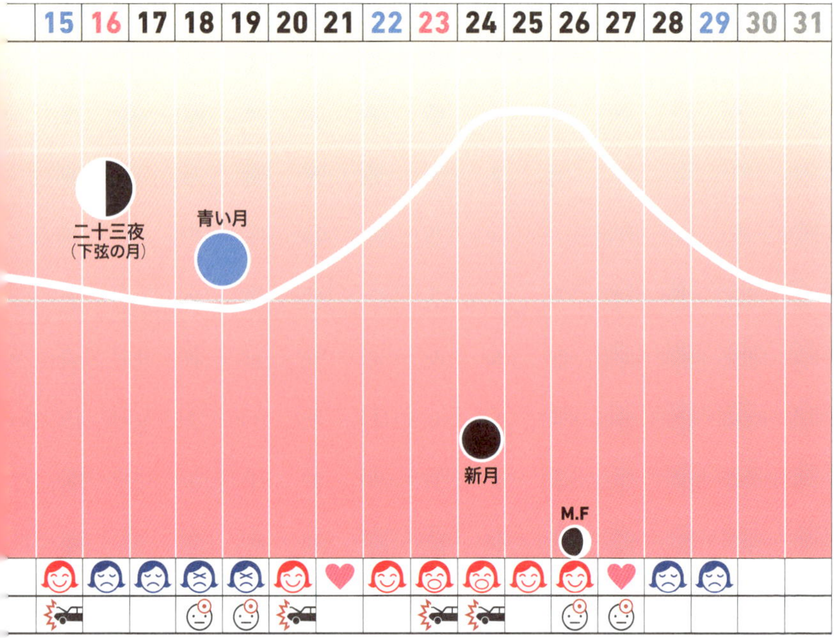
15 16 17 18 19 20 21 22 23 24 25 26 27 28 29 30 31
二十三夜
（下弦の月）
青い月
新月
M.F

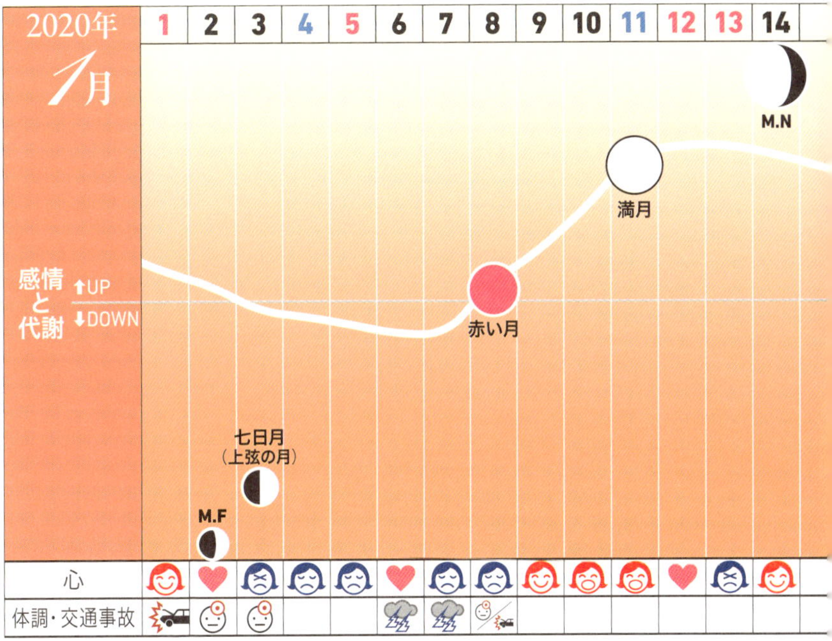
2020年
1月
1 2 3 4 5 6 7 8 9 10 11 12 13 14
M.N
満月
感情と代謝
UP
DOWN
赤い月
七日月
（上弦の月）
M.F
心
体調・交通事故

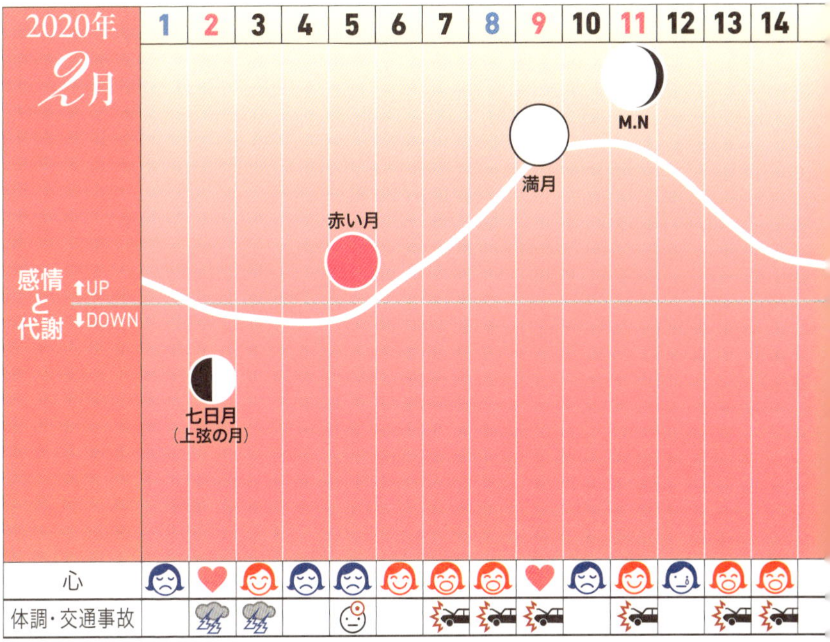
2020年
2月
1 2 3 4 5 6 7 8 9 10 11 12 13 14
M.N
満月
赤い月
感情と代謝
UP
DOWN
七日月
（上弦の月）
心
体調・交通事故

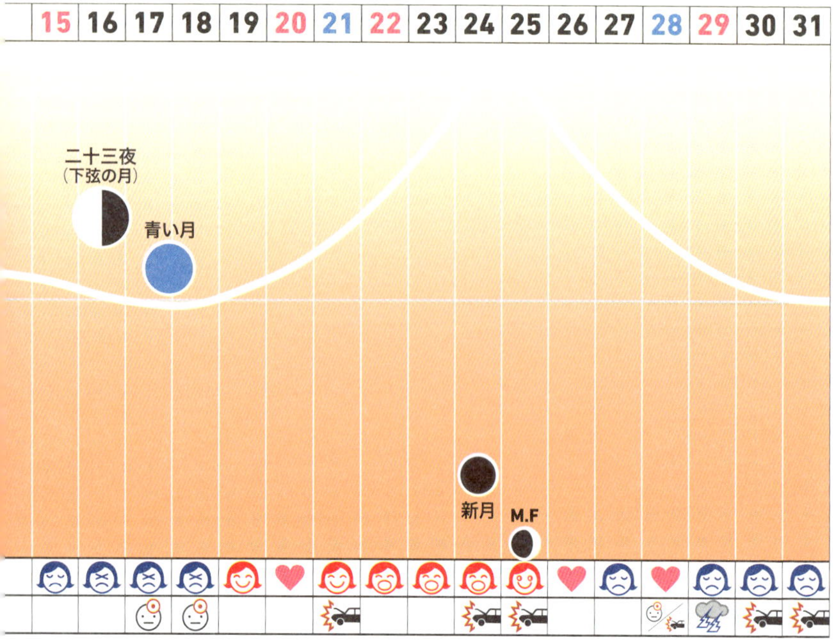
15 16 17 18 19 20 21 22 23 24 25 26 27 28 29 30 31
二十三夜
（下弦の月）
青い月
新月
M.F

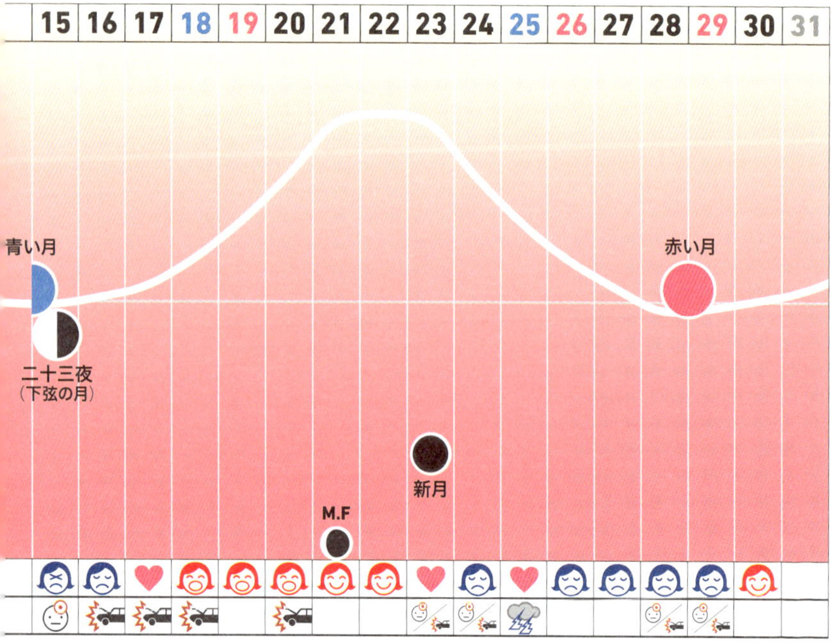
15 16 17 18 19 20 21 22 23 24 25 26 27 28 29 30 31
青い月
赤い月
二十三夜
（下弦の月）
新月
M.F

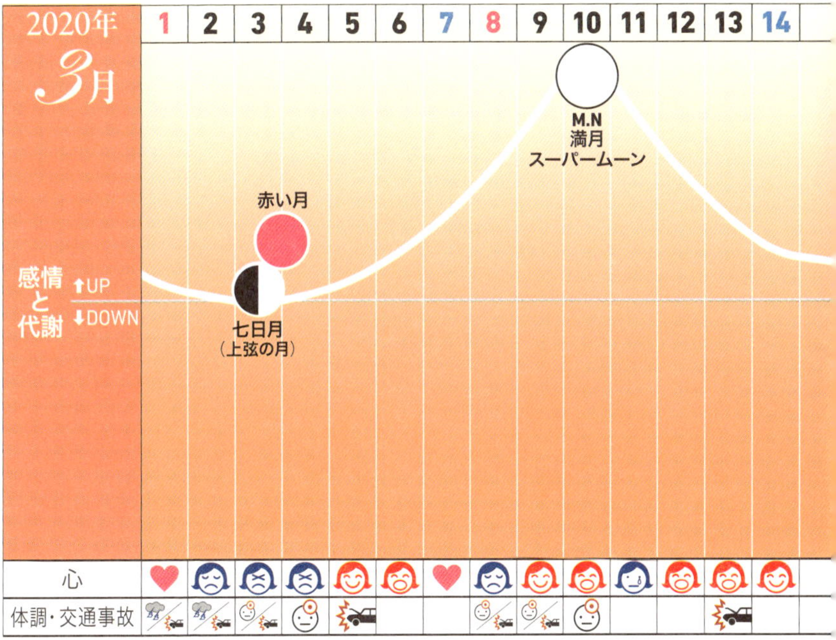
2020年
3月
1 2 3 4 5 6 7 8 9 10 11 12 13 14
M.N
満月
スーパームーン
赤い月
感情と代謝
UP
DOWN
七日月
（上弦の月）
心
体調・交通事故

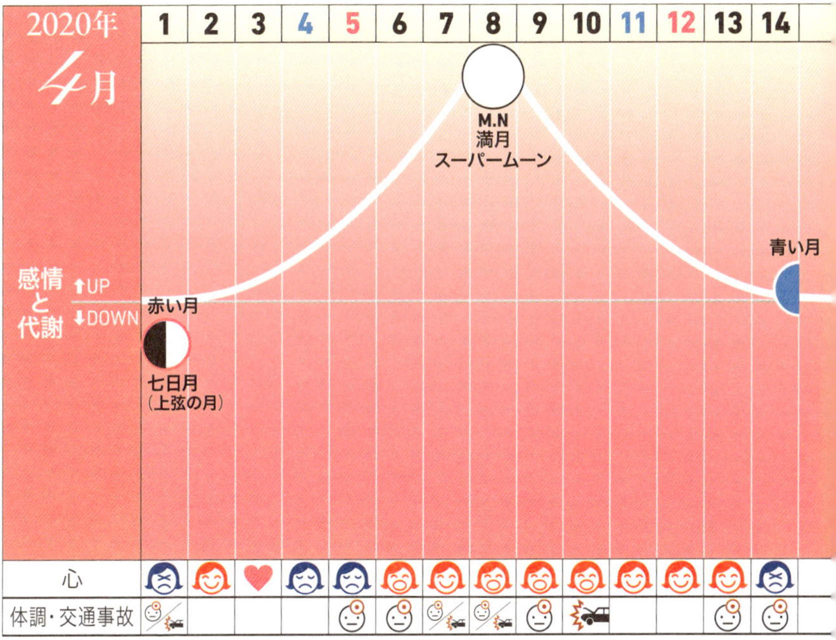
2020年
4月
1 2 3 4 5 6 7 8 9 10 11 12 13 14
M.N
満月
スーパームーン
青い月
感情と代謝
UP
DOWN
赤い月
七日月
（上弦の月）
心
体調・交通事故

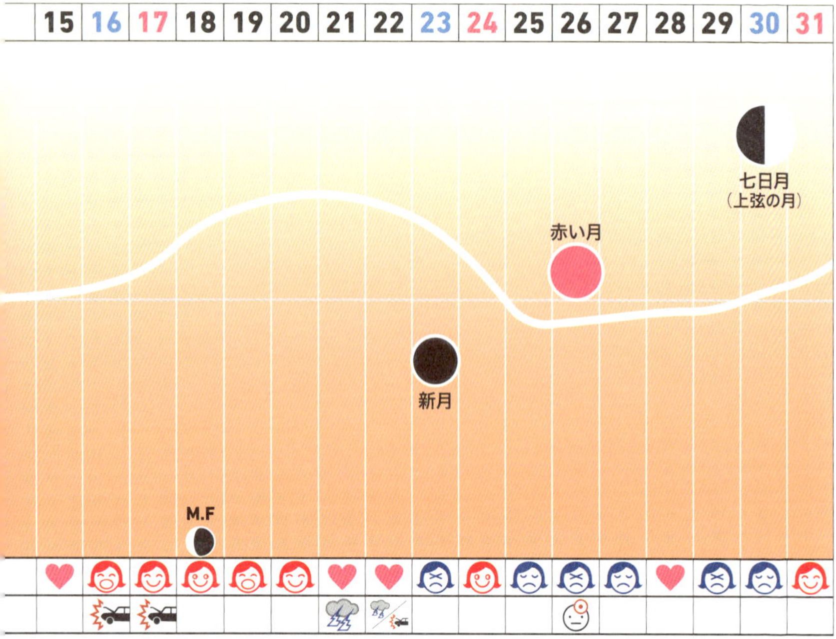
15 16 17 18 19 20 21 22 23 24 25 26 27 28 29 30 31
七日月
（上弦の月）
赤い月
新月
M.F

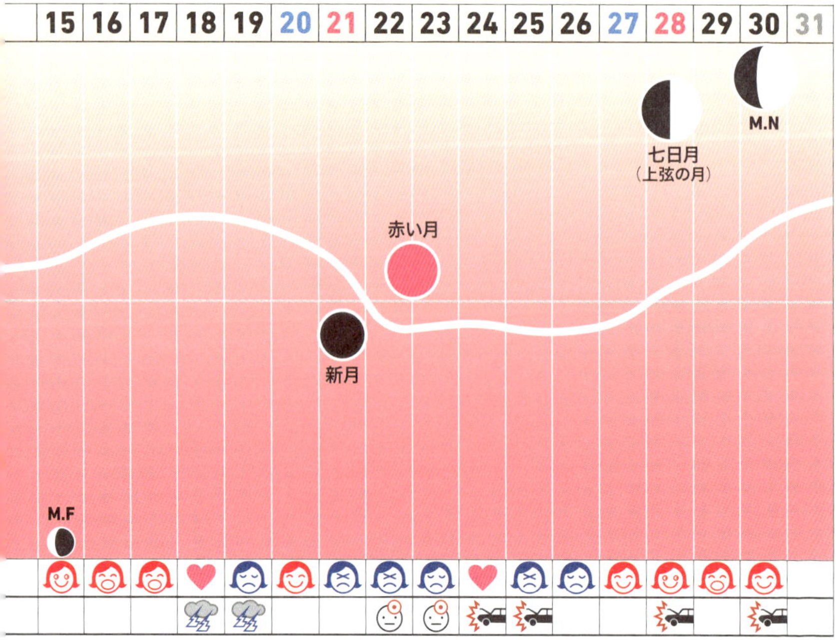
15 16 17 18 19 20 21 22 23 24 25 26 27 28 29 30 31
M.N
七日月
（上弦の月）
赤い月
新月
M.F

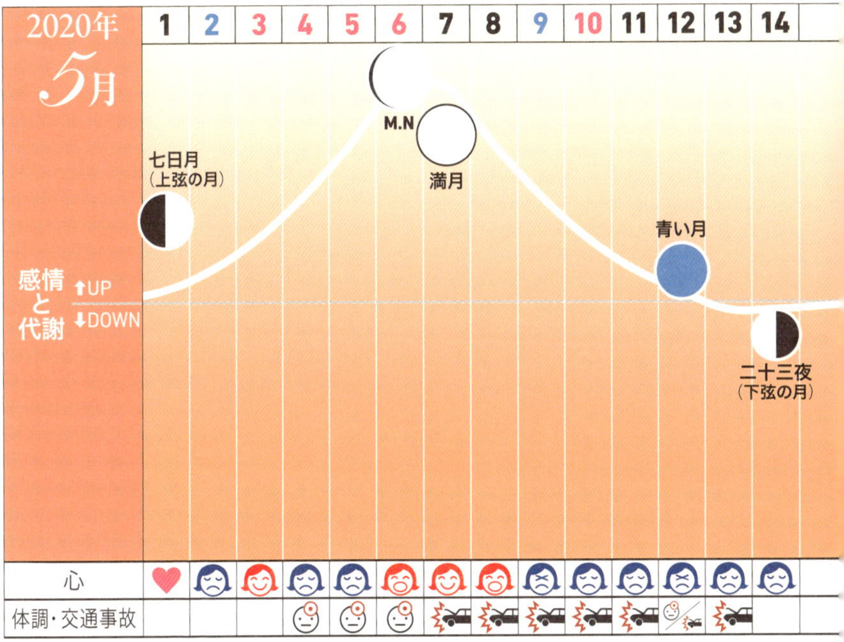
2020年
5月
1 2 3 4 5 6 7 8 9 10 11 12 13 14
M.N
満月
七日月
（上弦の月）
青い月
二十三夜
（下弦の月）
感情と代謝
UP
DOWN
心
体調・交通事故

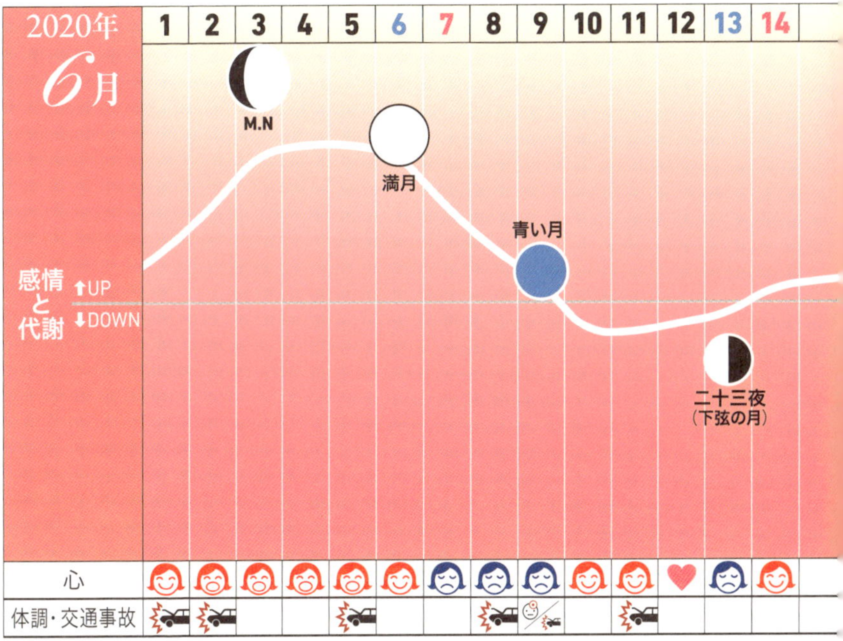
2020年
6月
1 2 3 4 5 6 7 8 9 10 11 12 13 14
M.N
満月
青い月
二十三夜
（下弦の月）
感情と代謝
UP
DOWN
心
体調・交通事故

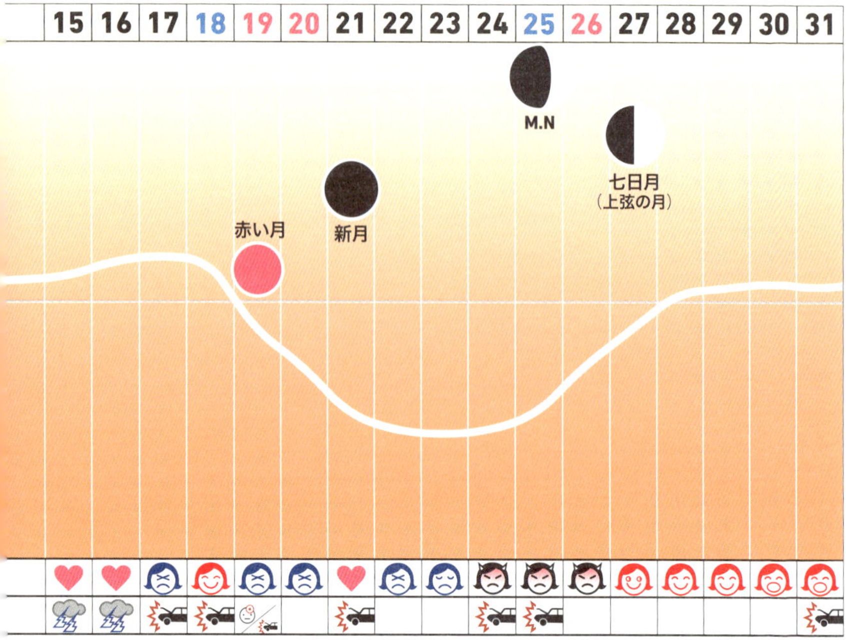
15 16 17 18 19 20 21 22 23 24 25 26 27 28 29 30 31
M.N
七日月
（上弦の月）
新月
赤い月

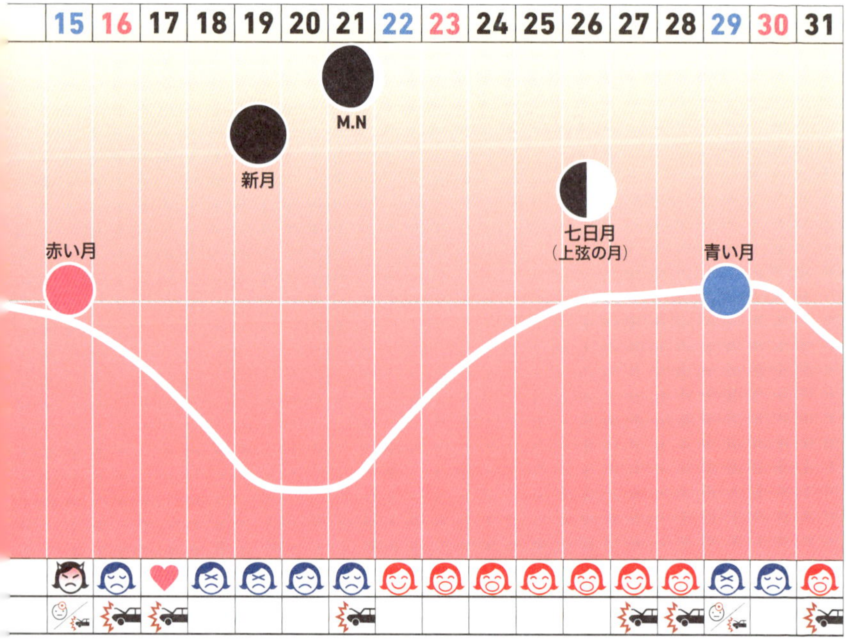
15 16 17 18 19 20 21 22 23 24 25 26 27 28 29 30 31
M.N
新月
七日月
（上弦の月）
赤い月
青い月

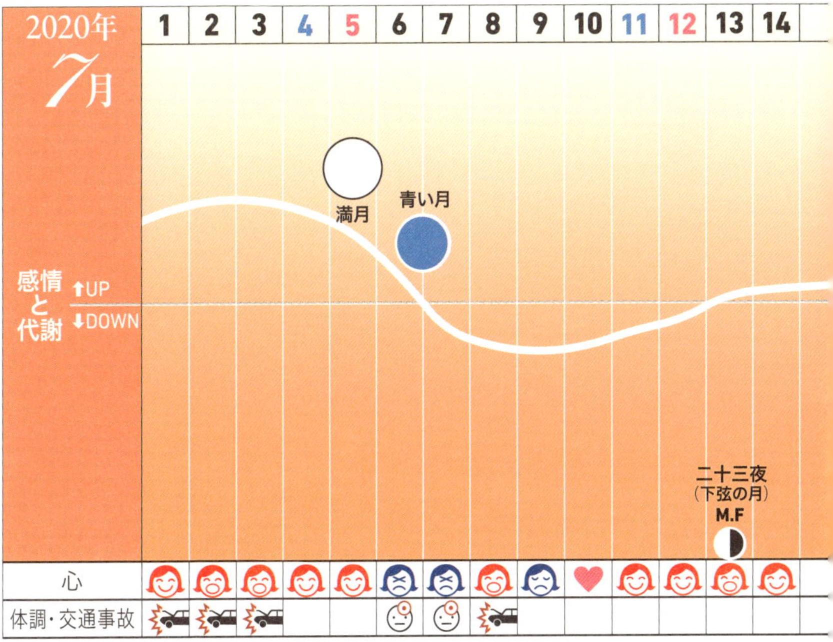
2020年
7月
1 2 3 4 5 6 7 8 9 10 11 12 13 14
満月
青い月
感情と代謝
↑UP
↓DOWN
二十三夜
（下弦の月）
M.F
心
体調・交通事故

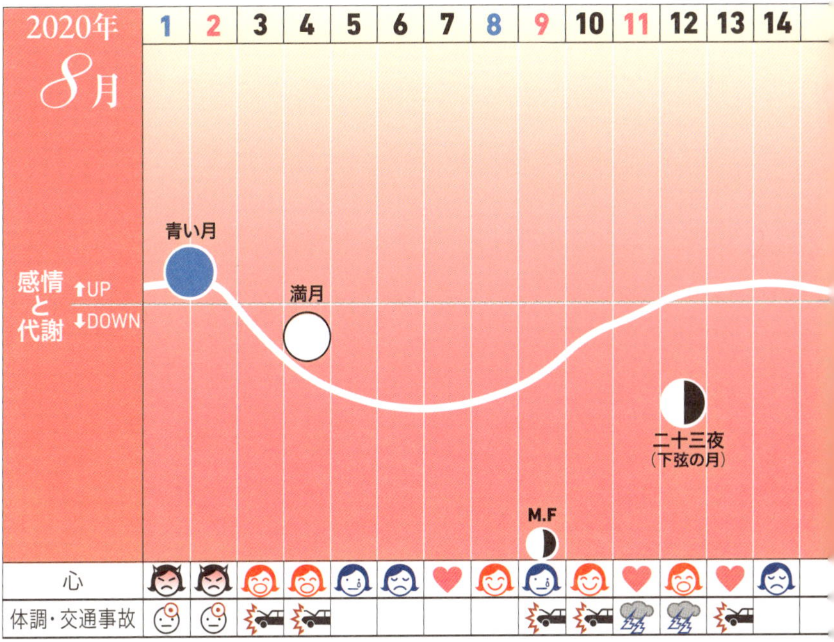
2020年
8月
1 2 3 4 5 6 7 8 9 10 11 12 13 14
青い月
満月
感情と代謝
↑UP
↓DOWN
二十三夜
（下弦の月）
M.F
心
体調・交通事故

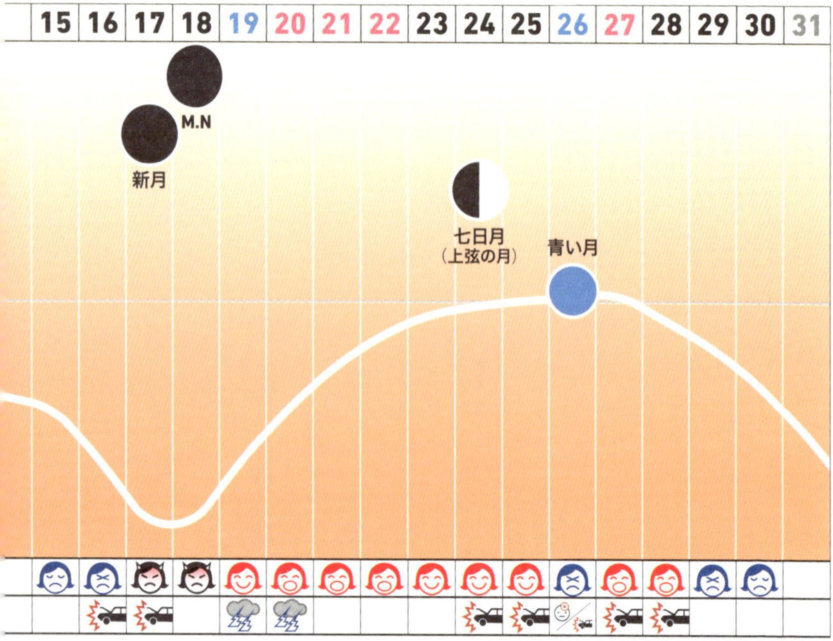
15 16 17 18 19 20 21 22 23 24 25 26 27 28 29 30 31
M.N
新月
七日月
（上弦の月）
青い月

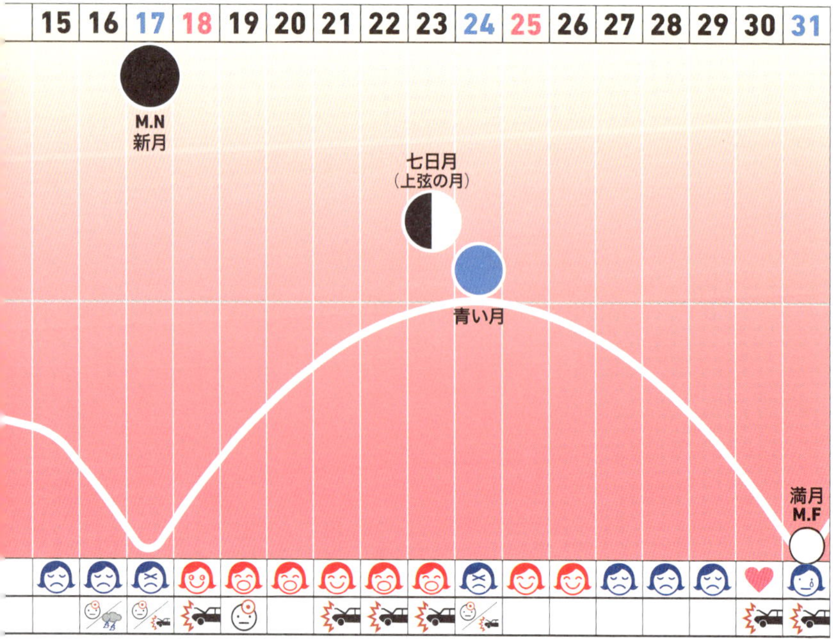
15 16 17 18 19 20 21 22 23 24 25 26 27 28 29 30 31
M.N
新月
七日月
（上弦の月）
青い月
満月
M.F

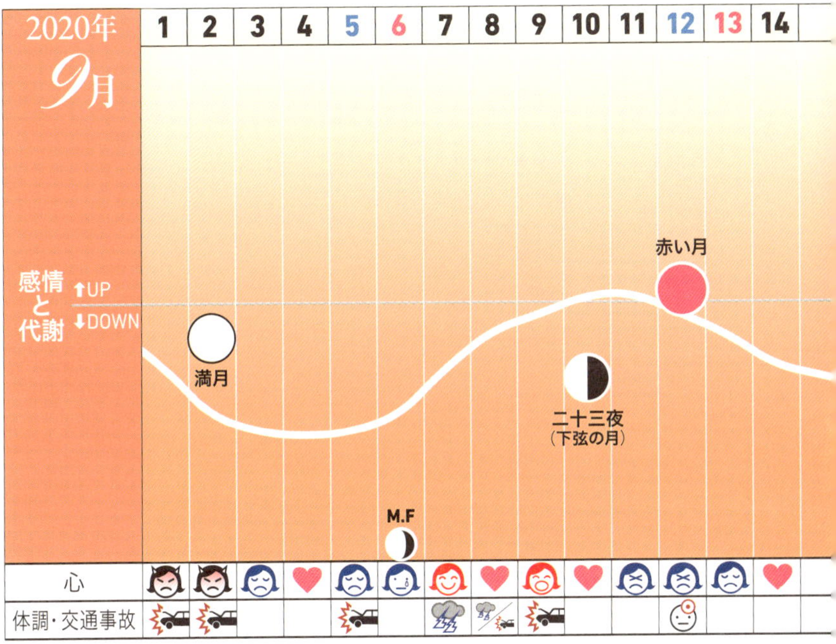
2020年
9月
1 2 3 4 5 6 7 8 9 10 11 12 13 14
感情と代謝
↑UP
↓DOWN
満月
赤い月
二十三夜
(下弦の月)
M.F
心
体調・交通事故

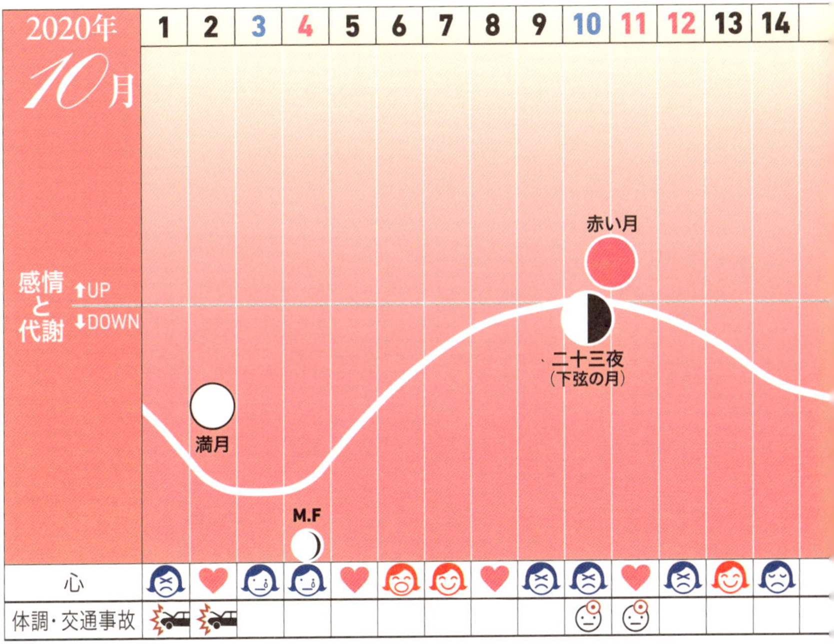
2020年
10月
1 2 3 4 5 6 7 8 9 10 11 12 13 14
感情と代謝
↑UP
↓DOWN
赤い月
二十三夜
(下弦の月)
満月
M.F
心
体調・交通事故

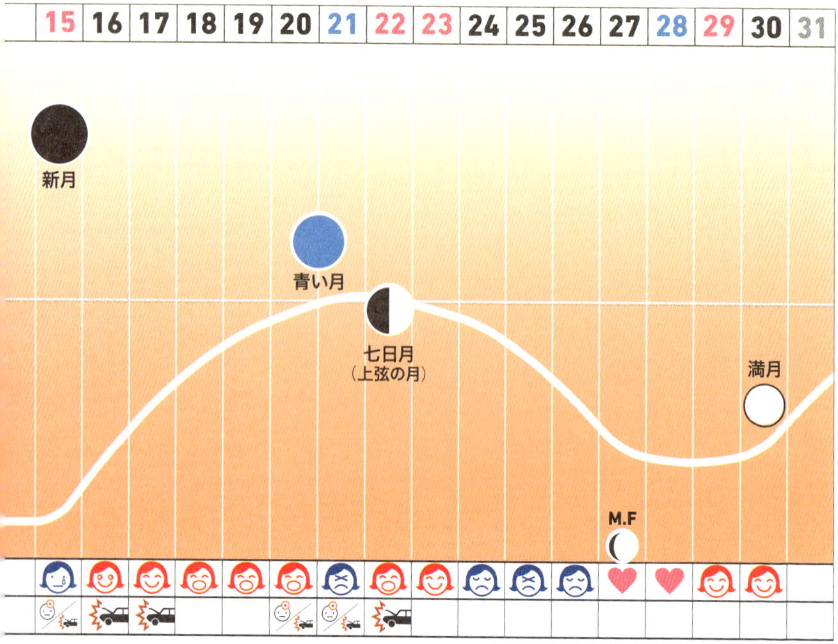
15 16 17 18 19 20 21 22 23 24 25 26 27 28 29 30 31
新月
青い月
七日月
（上弦の月）
満月
M.F

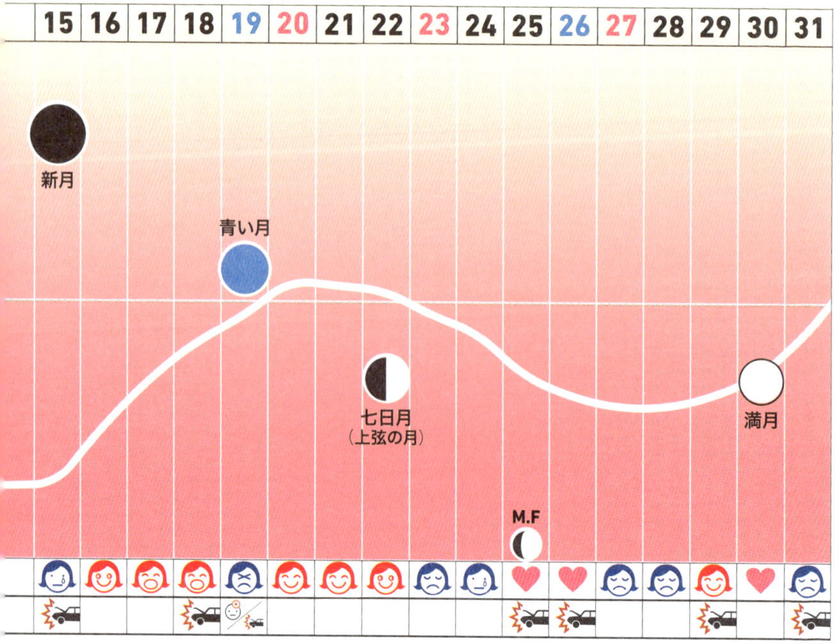
15 16 17 18 19 20 21 22 23 24 25 26 27 28 29 30 31
新月
青い月
七日月
（上弦の月）
満月
M.F

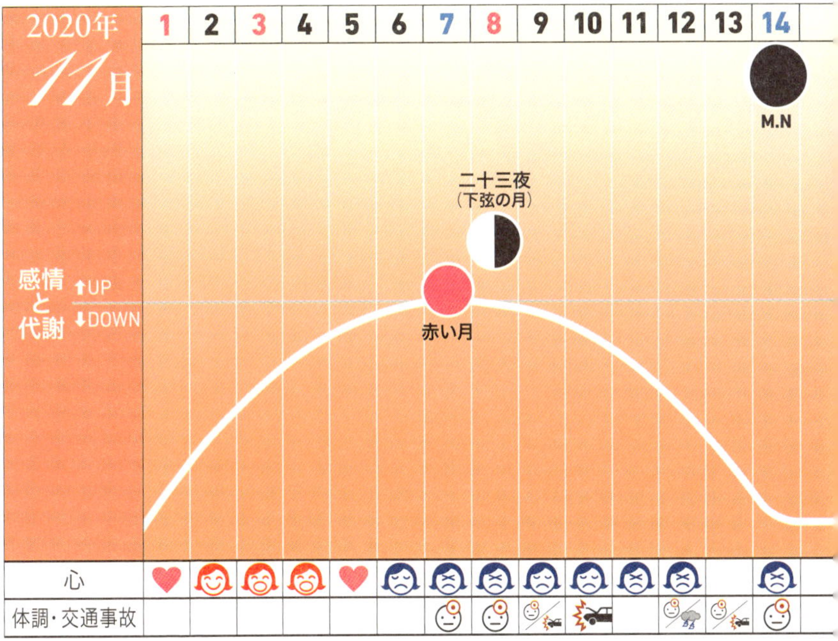
2020年
11月
1 2 3 4 5 6 7 8 9 10 11 12 13 14
M.N
二十三夜
（下弦の月）
感情と代謝
↑UP
↓DOWN
赤い月
心
体調・交通事故

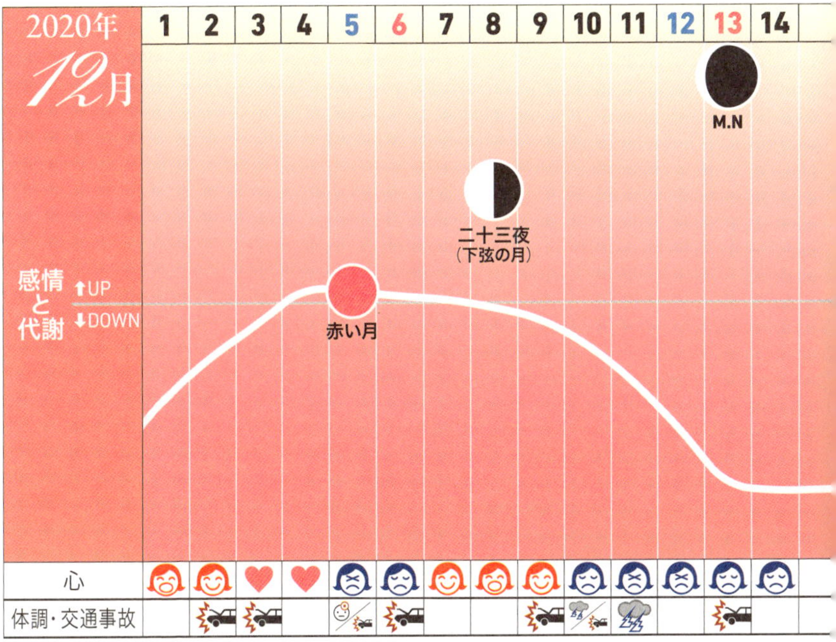
2020年
12月
1 2 3 4 5 6 7 8 9 10 11 12 13 14
M.N
二十三夜
（下弦の月）
感情と代謝
↑UP
↓DOWN
赤い月
心
体調・交通事故

※「月の遠近に関する情報及び遠近による要注意日が記載されたカレンダー」は
特許が取得されています。第5020417号登録済み。
無断複写は損害賠償、著作権法上の罰則の対象になりますのでご注意ください。

Text Kei

東京都出身。
幼少期から天文学に興味を持ち、
大学院卒業後、天文研究に勤しむ。
天文学の権威、桜井邦朋氏（元神奈川大学学長）に師事。
独自に、天体の周期と地球の事象との関連を研究し、
月と太陽の影響を考慮した新たな暦を考案する。
食糧と気象等に関する著書多数。

Illustration おおたうに

1974年神奈川県出身。
イラストレーター。
日本大学藝術学部放送学科卒。
ファッションや映画をテーマにしたイラストが多い。
イラストの横に、手書き文字でコメントや
説明文が書き添えられているのが特徴。
著書に「チェリーコーク」「うにっき」「シネマガール★スタイル」
「乙女の教科書」「おしゃれプリンセス ミューナ」など多数。

幸せを呼ぶ月の暦

2017年8月10日　初版発行

著　者　Kei
発行者　佐藤俊彦
発行所　株式会社ワニ・プラス
〒150-8482 東京都渋谷区恵比寿4-4-9 えびす大黒ビル7F
電話 03-5449-2171（直通）
発売元　株式会社ワニブックス
〒150-8482 東京都渋谷区恵比寿4-4-9 えびす大黒ビル
電話 03-5449-2711

本文DTP　Fujii Graphics
印刷所　中央精版印刷株式会社

暦の祝祭日は法改正により変わる可能性があります。
本書の無断転写、複製、転載、公衆送信を禁じます。
落丁・乱丁本は㈱ワニブックス宛にお送りください。送料弊社負担にてお取り替えします。
ただし古書店などで購入したものについてはお取り替えできません。
©Kei 2017　Printed in Japan
ISBN 978-4-8470-9587-0